N. BOURBAKI

Éléments de mathématique

FASCICULE XXXV

LIVRE VI

INTÉGRATION

CHAPITRE IX

Intégration sur les espaces topologiques séparés

DIFFUSION C.C.L.S.

Paris

ISBN 978-3-540-34390-5

Diffusion C.C.L.S. (Centre commercial du livre spécialisé)
10, rue de l'Éperon, 75278 Paris Cedex 06

PRÉFACE

Ce chapitre est consacré à l'intégration dans les espaces topologiques séparés non nécessairement localement compacts, et en particulier dans les espaces vectoriels localement convexes; elle permet notamment d'étendre à ces derniers la théorie de la transformation de Fourier.

Dans les premiers paragraphes, le mode d'exposition choisi consiste à se ramener, autant que possible, au cas des espaces compacts, traité dans les chapitres antérieurs.

Nancago, printemps 1969 N. BOURBAKI

CHAPITRE IX

MESURES SUR LES ESPACES TOPOLOGIQUES SÉPARÉS

Si T *est un ensemble, et* A *une partie de* T, *on notera* φ_A *la fonction caractéristique de* A, *si cela n'entraîne pas de confusion. L'ensemble* $\overline{\mathbf{R}}_+^T$ *des fonctions numériques* $\geqslant 0$ (*finies ou non*) *définies dans* T *sera désigné par* $\mathscr{F}_+(T)$, *ou simplement* $\mathscr{F}_+$ *s'il n'y a pas d'ambiguïté sur* T; *cet ensemble sera toujours muni de sa structure d'ordre naturelle. On rappelle que le produit de deux éléments de* $\mathscr{F}_+$ *est toujours défini, grâce à la convention* $0.(+\infty) = 0$. *Si* A *est une partie de* T, *et f une fonction définie dans* T, *la restriction* $f|A$ *de f à* A *pourra être notée* f_A *dans ce chapitre, si cela ne crée pas de confusion; on emploiera une notation analogue pour les mesures induites. D'autre part, si* $f \in \mathscr{F}_+(A)$, *on notera* f^0 *le prolongement par* 0 *de f à* T, *c'est-à-dire la fonction définie sur* T *qui coïncide avec f dans* A, *avec* 0 *dans* T − A.

Tous les espaces topologiques envisagés dans ce chapitre sont supposés séparés, sauf mention expresse du contraire. A partir du § 1, *n*° 4, *et sauf au* § 5, *toutes les mesures seront supposées positives, sauf mention expresse du contraire.*

§ 1. Prémesures et mesures sur un espace topologique

1. Encombrements

Définition 1. — *Soit* T *un ensemble. On appelle encombrement sur* T *toute application p de* $\mathscr{F}_+(T)$ *dans* $\overline{\mathbf{R}}_+$ *qui possède les propriétés suivantes:*

a) *Si f et g sont deux éléments de* $\mathscr{F}_+$ *tels que* $f \leqslant g$, *on a* $p(f) \leqslant p(g)$.

b) *Si f est un élément de* $\mathscr{F}_+$, *et t un nombre* $\geqslant 0$, *on a* $p(tf) = tp(f)$.

c) *Si f et g sont deux éléments de* $\mathscr{F}_+$, *on a* $p(f+g) \leqslant p(f) + p(g)$.

d) *Si* (f_n) *est une suite croissante d'éléments de* $\mathscr{F}_+$, *et si* $f = \lim_{n\to\infty} f_n$, *on a* $p(f) = \lim_{n\to\infty} p(f_n)$.

Si A *est une partie de* T, *on écrit* $p(A)$ *au lieu de* $p(\varphi_A)$.

La condition *b*) entraîne $p(0) = 0$. D'autre part, soit (f_n) une suite d'éléments de $\mathscr{F}_+$; les conditions *c*) et *d*) entraînent l'inégalité

$$p\left(\sum_n f_n\right) \leqslant \sum_n p(f_n) \quad \text{(«inégalité de convexité dénombrable»).}$$

Par exemple, soient T un espace localement compact, μ une mesure positive sur T; alors μ^* et $\mu^\bullet$ sont des encombrements sur T. Cela résulte des prop. 10, 11, 12 et du th. 3 du chap. IV, 2e éd., § 1, n° 3 pour μ^*, et de la prop. 1 du chap. V, 2e éd., § 1, n° 1 pour $\mu^\bullet$.

PROPOSITION 1. — *Soit* $(p_\alpha)_{\alpha \in A}$ *une famille d'encombrements sur* T. *La somme et l'enveloppe supérieure de la famille* (p_α) *(dans* $\mathscr{F}_+(\mathscr{F}_+(T))$*) sont alors des encombrements.*

La somme d'une famille finie d'encombrements étant évidemment un encombrement, il suffit de traiter le cas de l'enveloppe supérieure. Les propriétés *a*), *b*), *c*) de la définition 1 étant évidemment satisfaites, il reste à établir *d*). Posons $p = \sup_\alpha p_\alpha$; on a, avec les notations de la définition 1, *d*)

$$p(f) = \sup_\alpha p_\alpha(f) = \sup_\alpha \sup_n p_\alpha(f_n) = \sup_n \sup_\alpha p_\alpha(f_n) = \sup_n p(f_n).$$

DÉFINITION 2. — *Soit p un encombrement sur un ensemble* T. *On dit que p est borné si* $p(T) < +\infty$. *Si* T *est un espace topologique, on dit que p est localement borné si tout* $x \in T$ *admet un voisinage* V *tel que* $p(V) < +\infty$.

Il résulte alors des propriétés *a*) et *c*) de la déf. 1 que $p(K) < +\infty$ pour toute partie compacte K de T. En particulier, si T est compact, tout encombrement localement borné sur T est borné.

Soient p un encombrement sur un ensemble T, et A une partie de T. Pour toute fonction $f \in \mathscr{F}_+(A)$, soit f^0 le prolongement par 0 de f à T; l'application $f \mapsto p(f^0)$ sur $\mathscr{F}_+(A)$ est alors un encombrement, qu'on appelle *l'encombrement induit par p* sur A, et qu'on note $p|A$ ou p_A.

Soient T et U deux ensembles, π une application de T dans U et p un encombrement sur T. On appelle *encombrement image* de p par π l'encombrement $\pi(p)$ sur U, dont la valeur pour $f \in \mathscr{F}_+(U)$ est donnée par

$$(\pi(p))(f) = p(f \circ \pi).$$

Soit p un encombrement sur un ensemble T; on dit que p est *concentré* sur une partie A de T si $p(T - A) = 0$.

Lemme 1. — *Si l'encombrement p est concentré sur* $A \subset T$, *on a* $p(f) = p(f\varphi_A)$ *pour tout* $f \in \mathscr{F}_+(T)$.

Posons en effet $T - A = B$, d'où $p(\varphi_B) = 0$; on a

$$f\varphi_B \leqslant (+\infty).\varphi_B = \sup_{n \in \mathbf{N}} n\varphi_B,$$

donc $p(f\varphi_B) = 0$ d'après les propriétés *a*), *b*), *d*), de la déf. 1. Il en résulte que $p(f) \leqslant p(f\varphi_A) + p(f\varphi_B) = p(f\varphi_A)$ d'après *c*), et enfin $p(f) = p(f\varphi_A)$ d'après *a*).

2. Prémesures et mesures

Soit T un espace topologique, et soit $\mathfrak{K}$ l'ensemble des parties compactes de T, ordonné par inclusion. Pour tout $K \in \mathfrak{K}$, soit $\mathscr{M}(K; \mathbf{C})$ l'ensemble des mesures complexes sur K. Pour tout couple (K, L) d'éléments de $\mathfrak{K}$, tel que $K \subset L$, soit ι_{KL} l'application de $\mathcal{M}(L; \mathbf{C})$ dans $\mathcal{M}(K; \mathbf{C})$ qui associe à toute mesure μ sur L la mesure μ_K induite par μ sur K (chap. IV, 2e éd., § 5, n° 7, déf. 4). On a $\iota_{KM} = \iota_{KL} \circ \iota_{LM}$ lorsque K, L et M sont des parties compactes de T telles que $K \subset L \subset M$; ceci résulte de la transitivité des mesures induites (chap. V, 2e éd., § 7, n° 2, prop. 4). Les éléments de *la limite projective* de la famille $(\mathcal{M}(K; \mathbf{C}))_{K \in \mathfrak{K}}$ pour les applications ι_{KL} seront appelés *prémesures* sur T. Autrement dit:

DÉFINITION 3. — *On appelle prémesure sur un espace topologique* T *toute application* w *qui associe, à toute partie compacte* K *de* T, *une mesure* w_K *sur* K, *et qui possède la propriété suivante:*

Si K *et* L *sont deux parties compactes de* T *telles que* $K \subset L$, *la mesure* $(w_L)_K$ *induite par* w_L *sur* K *est égale à* w_K.

On dit que la prémesure w *est réelle* (resp. *positive*) *si toutes les mesures* w_K *sont réelles* (resp. *positives*).

Soient w et w' deux prémesures sur T, t un nombre complexe; on définit les prémesures $w + w'$ et tw par les formules $(w + w')_K = w_K + w'_K$, $(tw)_K = tw_K$ pour toute partie compacte $K \subset T$. Les prémesures sur T forment évidemment un espace vectoriel, noté $\mathcal{P}(T; \mathbf{C})$; l'espace des prémesures réelles sera noté $\mathcal{P}(T; \mathbf{R})$ ou plus souvent $\mathcal{P}(T)$, et le cône convexe des prémesures positives sera désigné par la notation $\mathcal{P}_+(T)$. Soit w une prémesure; l'application $K \mapsto |w_K|$ est alors une prémesure sur T (chap. IV, 2e éd., § 5, n° 7, lemme 3) que l'on notera $|w|$. Si w est réelle, on posera $w^+ = \frac{1}{2}(|w| + w)$, $w^- = \frac{1}{2}(|w| - w)$; ces deux prémesures étant positives, on voit que toute prémesure réelle est différence de deux prémesures positives. On a évidemment $(w^+)_K = (w_K)^+$, $(w^-)_K = (w_K)^-$ pour toute partie compacte K de T.

L'espace vectoriel $\mathcal{P}(T)$ est ordonné par le cône $\mathcal{P}_+(T)$. Il est clair qu'on a $w^+ = \sup(w, 0)$, $w^- = \sup(-w, 0)$; par suite, $\mathcal{P}(T)$ est réticulé et $\sup(w, w') = w + (w' - w)^+$, $\inf(w, w') = w - (w' - w)^-$. De plus, on a évidemment

$$(\sup(w, w'))_K = \sup(w_K, w'_K), \qquad (\inf(w, w'))_K = \inf(w_K, w'_K),$$

pour toute partie compacte K de T.

DÉFINITION 4. — *Soit* w *une prémesure positive sur* T. *Nous poserons pour toute fonction* $f \in \mathcal{F}_+(T)$

$$w^\bullet(f) = \sup_K (w_K)^\bullet(f_K), \tag{1}$$

K *parcourant l'ensemble des parties compactes de* T.

Pour chaque ensemble compact K, soit p^K l'encombrement image de l'encombrement $(w_K)^\bullet$ par l'injection canonique de K dans T; $w^\bullet$ est l'enveloppe supérieure des encombrements p^K, c'est donc un encombrement (n° 1, prop. 1).

On dit que $w^\bullet$ est l'*intégrale supérieure essentielle* associée à la prémesure positive w. On écrit fréquemment $\int^\bullet f\,dw$, $\int^\bullet f(t)\,dw(t)$ au lieu de $w^\bullet(f)$.

Remarque 1). — Si v et w sont deux prémesures positives, on a $(v + w)^\bullet = v^\bullet + w^\bullet$ (chap. V, 2e éd., § 1, no 1, prop. 3). Si v et w sont deux prémesures complexes, on a $|v + w|^\bullet \leqslant |v|^\bullet + |w|^\bullet$.

Proposition 2. — *a) Soit w une prémesure positive. Pour toute partie compacte* K *de* T, *l'encombrement $(w^\bullet)_K$ induit par $w^\bullet$ sur* K *est égal à $(w_K)^\bullet$. Pour toute fonction $f \in \mathscr{F}_+(T)$, on a les relations $(w_K)^\bullet(f_K) = w^\bullet(f\varphi_K)$ et*

$$w^\bullet(f) = \sup_K w^\bullet(f\varphi_K). \tag{2}$$

b) Inversement, soit p un encombrement sur T *satisfaisant aux conditions suivantes:*

1) *Pour toute partie compacte* K *de* T, *il existe une mesure positive w_K sur* K *telle que $p_K = (w_K)^\bullet$.*

2) *Pour toute fonction $f \in \mathscr{F}_+(T)$, on a $p(f) = \sup_K p(f\varphi_K)$.*

L'application $w : K \mapsto w_K$ est alors une prémesure positive sur T, *et on a $p = w^\bullet$.*

Démontrons *a*): soient $g \in \mathscr{F}_+(K)$ et g^0 le prolongement par zéro de g à T; on a, d'après la définition des encombrements induits, $(w^\bullet)_K(g) = w^\bullet(g^0) = \sup_L (w_L)^\bullet(g^0|L)$, L parcourant l'ensemble des parties compactes de T, ou seulement l'ensemble de celles qui contiennent K. Mais si L contient K, on a $(w_L)^\bullet(g^0|L) = (w_K)^\bullet(g)$ du fait que $g^0|L$ est nulle hors de K (chap. V, 2e éd., § 7, no 1, prop. 1), ce qui prouve la première assertion. On a donc $(w_K)^\bullet(f_K) = (w^\bullet)_K(f_K) = w^\bullet((f_K)^0) = w^\bullet(f\varphi_K)$ pour tout $f \in \mathscr{F}_+(T)$, et (2) ne fait que traduire la formule (1).

Passons à *b*): la mesure w_K considérée en 1) est unique (chap. V, 2e éd., § 1, no 1). Montrons que l'application $K \mapsto w_K$ est une prémesure: soient K et L deux parties compactes telles que $K \subset L$, et soit λ la mesure induite par w_L sur K; tout revient à montrer que $\lambda^\bullet = (w_K)^\bullet$. Or on a $\lambda^\bullet = ((w_L)^\bullet)_K$ (chap. V, 2e éd., § 7, no 1, prop. 1); comme $(w_L)^\bullet = p_L$, on a $\lambda^\bullet = (p_L)_K = p_K = (w_K)^\bullet$.

Notons w la prémesure $K \mapsto w_K$; comme $p_K = (w_K)^\bullet = (w^\bullet)_K$, on a $p(f\varphi_K) = p_K(f_K) = (w^\bullet)_K(f_K) = w^\bullet(f\varphi_K)$. Les deux encombrements p et $w^\bullet$ sont alors égaux en vertu de la formule (2) et de l'hypothèse 2) sur p.

C.Q.F.D.

L'encombrement induit $(w^\bullet)_K$ étant égal à $(w_K)^\bullet$, il n'y a aucune ambiguïté à écrire simplement $w_K^\bullet$. Nous emploierons cette notation dans toute la suite.

Corollaire. — *Soient v et w deux prémesures positives sur* T, *telles que $v^\bullet(L) = w^\bullet(L)$ pour toute partie compacte* L *de* T; *on a alors $v = w$. En particulier, la relation $v^\bullet = w^\bullet$ entraîne $v = w$.*

En effet, soit K un ensemble compact dans T; on a, pour tout ensemble compact $L \subset K$, la relation

$$w_K(L) = w_K^\bullet(L) = w^\bullet(L) = v^\bullet(L) = v_K^\bullet(L) = v_K(L)$$

d'après la prop. 2; on a donc $w_K = v_K$ (chap. IV, 2e éd., § 4, n° 10, cor. 3 de la prop. 19), et enfin $w = v$ par la définition des prémesures.

Définition 5. — *Soit w une prémesure sur un espace topologique* T. *On dit que w est une mesure* (resp. *une mesure bornée*) *si l'encombrement $|w|^\bullet$ est localement borné* (resp. *borné*) (cf. n° 1, déf. 2).

L'ensemble des mesures complexes sur T est évidemment un espace vectoriel (*Remarque* 1), qui sera noté $\mathscr{M}(\mathrm{T}; \mathbf{C})$. L'espace des mesures réelles sera noté $\mathscr{M}(\mathrm{T}; \mathbf{R})$ ou plus souvent $\mathscr{M}(\mathrm{T})$, et on désignera par $\mathscr{M}_+(\mathrm{T})$ le cône des mesures positives.

Si w est une mesure complexe, sa partie réelle et sa partie imaginaire sont des mesures réelles. Si w est une mesure réelle, w^+ et w^- sont des mesures positives. Toute mesure complexe (resp. réelle) est donc combinaison linéaire (resp. différence) de mesures positives.

Remarques. — 2) Si T est *localement compact*, toute prémesure w sur T est une mesure. En effet, tout $x \in \mathrm{T}$ admet un voisinage compact K, et on a $|w|^\bullet(\mathrm{K}) = \|w_\mathrm{K}\| < +\infty$, de sorte que l'encombrement $|w|^\bullet$ est localement borné.

3) Pour toute partie borélienne A de T (en particulier pour A = T), et toute mesure positive μ sur T, le nombre $\mu^\bullet(\mathrm{A})$ est la borne supérieure des mesures $\mu^\bullet(\mathrm{K})$ des parties compactes de A. En effet, pour toute partie compacte K de A, on a $\mu^\bullet(\mathrm{K}) \leqslant \mu^\bullet(\mathrm{A})$; d'autre part, si $\mathfrak{K}$ est l'ensemble des parties compactes de T, on a

$$\mu^\bullet(\mathrm{A}) = \sup_{\mathrm{K}\in\mathfrak{K}} \mu^\bullet_\mathrm{K}(\mathrm{A} \cap \mathrm{K}) = \sup_{\mathrm{K}\in\mathfrak{K}} \sup_{\substack{\mathrm{L}\in\mathfrak{K} \\ \mathrm{L}\subset\mathrm{A}\cap\mathrm{K}}} \mu^\bullet_\mathrm{K}(\mathrm{L}) \leqslant \sup_{\substack{\mathrm{L}\in\mathfrak{K} \\ \mathrm{L}\subset\mathrm{A}}} \mu^\bullet(\mathrm{L})$$

d'après le cor. 1 du th. 4 du chap. IV, § 4, n° 6 (2e éd.).

3. Exemples de mesures

Exemple 1. — *Mesures sur un espace localement compact*

La proposition suivante montre que la théorie de ce chapitre contient celle du chap. IV. Dans l'énoncé, le mot « mesure » et la notation $\mathscr{M}(\mathrm{T}; \mathbf{C})$ sont pris au sens des chapitres antérieurs.

Proposition 3. — *Soit* T *un espace localement compact, et soit μ une mesure sur* T. *Désignons par* $\mathrm{W}(\mu)$ *l'application qui à chaque partie compacte* K *de* T *associe la mesure induite μ_K. Alors* $\mathrm{W}(\mu)$ *est une prémesure sur* T, *on a* $\mathrm{W}(|\mu|) = |\mathrm{W}(\mu)|$, *et l'application linéaire* $\mathrm{W}\colon \mu \mapsto \mathrm{W}(\mu)$ *est une bijection de l'espace* $\mathscr{M}(\mathrm{T}; \mathbf{C})$ *sur l'espace* $\mathscr{P}(\mathrm{T}; \mathbf{C})$ *des prémesures sur* T. *En outre, si μ est positive, on a* $\mu^\bullet = (\mathrm{W}(\mu))^\bullet$.

Il est évident que $\mathrm{W}(\mu)$ est une prémesure (chap. V, 2e éd., § 7, n° 2, prop. 4), et que l'application W est linéaire. La relation $\mathrm{W}(\mu) = 0$ signifie que μ induit la mesure 0 sur tout ensemble compact dans T; on a alors $\mu(f) = 0$ pour $f \in \mathscr{K}(\mathrm{T}; \mathbf{C})$, donc $\mu = 0$, ce qui prouve que W est injective. Reste à prouver que W est surjective. Comme toute prémesure est combinaison linéaire de prémesures positives, il nous suffira de construire, pour toute prémesure *positive* w, une mesure positive μ telle que $w = \mathrm{W}(\mu)$. Soit donnée une fonction $f \in \mathscr{K}(\mathrm{T})$, et soit L un ensemble compact contenant le support de f; le nombre $w_{\mathrm{L}}(f_{\mathrm{L}})$ ne dépend pas du choix de L, d'après la définition des mesures induites, et l'on peut donc poser $\mu(f) = w_{\mathrm{L}}(f_{\mathrm{L}})$; alors μ est une forme linéaire positive sur $\mathscr{K}(\mathrm{T})$, c'est-à-dire une mesure positive. Vérifions que $w = \mathrm{W}(\mu)$; tout d'abord, la relation $\mu^{\bullet}(f) = w^{\bullet}_{\mathrm{L}}(f_{\mathrm{L}})$ s'étend au cas où f est une fonction finie semi-continue supérieurement, positive, nulle hors de L. En effet, soient M un voisinage compact de L, et $\mathscr{H}$ l'ensemble (filtrant décroissant) des fonctions continues sur T, à support contenu dans M, qui majorent f. On a (chap. IV, 2e éd., § 4, n° 4, cor. 2 de la prop. 5)

$$\mu^{\bullet}(f) = \inf_{h \in \mathscr{H}} \mu(h) = \inf_{h \in \mathscr{H}} w_{\mathrm{M}}(h_{\mathrm{M}}) = w^{\bullet}_{\mathrm{M}}(f_{\mathrm{M}})$$

et d'autre part $w^{\bullet}_{\mathrm{M}}(f_{\mathrm{M}}) = w^{\bullet}_{\mathrm{L}}(f_{\mathrm{L}})$ puisque f_{M} est nulle dans $\mathrm{M} - \mathrm{L}$ (chap. V, 2e éd., § 7, n° 1, prop. 1). En particulier, si l'on prend pour f le prolongement par 0 d'un élément de $\mathscr{K}_{+}(\mathrm{L})$, cette formule montre que $\mu_{\mathrm{L}} = w_{\mathrm{L}}$ d'après la définition des mesures induites, et on a donc bien $\mathrm{W}(\mu) = w$.

Si μ est positive, on a

$$\mu^{\bullet}(f) = \sup_{\mathrm{K}} \mu^{\bullet}(f\varphi_{\mathrm{K}}) = \sup_{\mathrm{K}} \mu^{\bullet}_{\mathrm{K}}(f_{\mathrm{K}}) = (\mathrm{W}(\mu))^{\bullet}(f)$$

pour tout $f \in \mathscr{F}_{+}(\mathrm{T})$ (chap. V, 2e éd., § 1, déf. 1 et § 7, prop. 1). La relation $|\mathrm{W}(\mu)| = \mathrm{W}(|\mu|)$ est évidente (chap. IV, 2e éd., § 5, n° 7, lemme 3).

C.Q.F.D.

Lorsque T est *localement compact*, nous *identifierons* dans toute la suite les espaces $\mathscr{M}(\mathrm{T}; \mathbf{C})$ et $\mathscr{P}(\mathrm{T}; \mathbf{C})$ au moyen de la bijection W.

Exemple 2. — *Mesures à support compact sur un espace topologique.*

Lemme 2. — *Soient* T *un espace topologique,* L *une partie compacte de* T, λ *une mesure positive sur* L. *Il existe une mesure positive unique* μ *sur* T, *telle que l'on ait, pour toute fonction* $f \in \mathscr{F}_{+}(\mathrm{T})$,

$$\mu^{\bullet}(f) = \lambda^{\bullet}(f_{\mathrm{L}}). \tag{3}$$

Posons en effet $p(f) = \lambda^{\bullet}(f_{\mathrm{L}})$ pour tout $f \in \mathscr{F}_{+}(\mathrm{T})$, et montrons que les conditions 1) et 2) de la prop. 2, *b*) sont vérifiées. La seconde est évidemment vérifiée: on a en fait $p(f) = p(f\varphi_{\mathrm{K}})$ si K contient L. Si $\mathrm{K} \subset \mathrm{T}$ est compact, et si $h \in \mathscr{F}_{+}(\mathrm{K})$, on a

$$p_{\mathrm{K}}(h) = p(h^{0}) = \lambda^{\bullet}(h^{0}|\mathrm{L}).$$

Mais $h^{0}|\mathrm{L}$ est le prolongement par 0 de $h_{\mathrm{K} \cap \mathrm{L}}$ à L: la dernière expression est donc égale à $\mu_{\mathrm{K}}(h)$, où μ_{K} est l'image de $\lambda|(\mathrm{K} \cap \mathrm{L})$ par l'injection de $\mathrm{K} \cap \mathrm{L}$ dans K (chap. V, 2e éd., § 6, n° 2, prop. 2 et § 7, n° 1, prop. 1) et l'on a $p_{\mathrm{K}} = (\mu_{\mathrm{K}})^{\bullet}$. La condition 1) de la prop. 2, *b*) est donc aussi vérifiée, et l'existence de μ en résulte aussitôt.

C.Q.F.D.

On dira que μ est la mesure sur T *définie* par λ. En particulier, pour tout point x de T, on peut définir la mesure ε_x; elle est caractérisée par $(\varepsilon_x)^\bullet(f) = f(x)$ pour $f \in \mathscr{F}_+(\mathrm{T})$.

Remarques. — 1) Lorsque T est localement compact, μ est l'image de λ par l'injection de L dans T. Nous verrons au § 2, n° 3, *Exemple* 1, lorsque les mesures images auront été traitées, que cette interprétation vaut encore pour des espaces quelconques.

2) Nous verrons aussi que les mesures définies dans l'*Exemple* 2 sont les mesures positives à support compact dans T (n° 6, *Remarque* 2)).

Nous ne considérerons plus désormais que des mesures positives, sauf mention expresse du contraire. Dans toute la suite de ce paragraphe, T *désignera un espace topologique et* μ *une mesure positive sur* T.

De nombreux résultats des n^{os} suivants s'étendent aux prémesures positives. Cette extension est laissée au lecteur.

4. Ensembles et fonctions localement négligeables

DÉFINITION 6. — *On dit qu'une fonction* $f \in \mathscr{F}_+$ *(resp. une partie* A *de* T*) est localement négligeable pour la mesure* μ *si* $\mu^\bullet(f) = 0$ *(resp.* $\mu^\bullet(\mathrm{A}) = 0$*). On dit que* μ *est concentrée sur une partie* A *de* T *si* T $-$ A *est localement* μ*-négligeable.*

Remarques. — 1) Les notions ainsi définies coïncident, lorsque T est localement compact, avec les notions usuelles.

2) Lorsque nous aurons défini les ensembles *négligeables*, nous verrons que les ensembles localement négligeables sont bien ceux dont le germe, en tout point de T, est un germe d'ensemble négligeable (n° 9, cor. 2 de la prop. 14).

3) Comme aux chap. IV et V, l'expression « localement presque partout » sera synonyme de « sauf sur un ensemble localement négligeable ».

4) Si θ est une mesure complexe, on dira qu'une fonction (resp. une partie de T) est localement négligeable pour θ si elle l'est pour la mesure positive $|\theta|$.

Exemple. — Soient L une partie compacte de T, λ une mesure sur L, et μ la mesure sur T définie par λ (n° 3, *Exemple* 2). La formule (3) entraîne aussitôt qu'une fonction $f \in \mathscr{F}_+(\mathrm{T})$ est localement μ-négligeable si et seulement si f_{L} est λ-négligeable.

Il résulte immédiatement de la formule (1) qu'une fonction $f \in \mathscr{F}_+(\mathrm{T})$ est localement μ-négligeable si et seulement si f_{K} est μ_{K}-négligeable pour toute partie compacte K de T. Les propriétés des ensembles localement négligeables se ramènent donc aussitôt à celles des ensembles négligeables dans les espaces compacts, traitées au chap. IV. Voici quelques résultats qui seront utilisés par la suite sans autre référence.

— Pour qu'une fonction $f \geqslant 0$ soit localement négligeable, il faut et il suffit que $f(t) = 0$ localement presque partout (chap. IV, 2e éd., § 2, n° 3, th. 1). Si $\mathbf{f}$ est une fonction à valeurs dans un espace de Banach, il est donc équivalent de dire que $\mathbf{f} = 0$ localement presque partout, ou que $\mu^\bullet(|\mathbf{f}|) = 0$; nous dirons encore dans ce cas que $\mathbf{f}$ est localement négligeable.

— La somme et l'enveloppe supérieure d'une suite de fonctions $\geqslant 0$, localement négligeables, sont localement négligeables (*loc. cit.*, n° 1, prop. 2).

— Si f et g sont deux fonctions $\geqslant 0$ égales localement presque partout, on a $\mu^\bullet(f) = \mu^\bullet(g)$ (*loc. cit.*, n° 3, prop. 6).

5. Ensembles et fonctions mesurables

DÉFINITION 7. — *On dit qu'une fonction f définie dans* T, *à valeurs dans un espace topologique* F (*séparé ou non*) *est mesurable pour la mesure* μ (*ou* μ*-mesurable*) *si, pour toute partie compacte* K *de* T, *la fonction* f_K *est* μ_K*-mesurable.*

Cela revient à dire qu'il existe, pour tout ensemble compact K, une partition de K en un ensemble μ_K-négligeable N et une suite (K_n) d'ensembles compacts, tels que la restriction de f à chacun des K_n soit continue. Comme il est équivalent de dire que N est μ_K-négligeable, ou localement μ-négligeable (n° 4), on voit que f est μ-mesurable si et seulement si, pour tout ensemble compact K, il existe une partition de K en un ensemble localement μ-négligeable N et une suite (K_n) d'ensembles compacts telle que f_{K_n} soit continue pour tout n. Cette définition est identique à la déf. 1 du chap. IV, 2e éd., § 5, n° 1, et on retrouve donc la notion habituelle de fonction mesurable lorsque T est localement compact.

On dit qu'une partie A de T est mesurable si sa fonction caractéristique est mesurable. Si A est μ-mesurable, et si $\mu^\bullet(A) < +\infty$, ce nombre est noté simplement $\mu(A)$ et appelé la *mesure* de A. On écrit de même $\mu(f)$ pour $\mu^\bullet(f)$ si f est μ-mesurable $\geqslant 0$ et si $\mu^\bullet(f) < +\infty$.

Si θ est une mesure complexe sur T, on dit qu'une fonction f (resp. une partie de T) est θ-mesurable si elle est mesurable pour la mesure positive $|\theta|$. Les résultats ci-dessous s'étendent aux mesures complexes.

Exemple. — Soient L une partie compacte de T, λ une mesure sur L et μ la mesure sur T définie par λ (n° 3, *Exemple* 2). Une fonction f définie dans T est μ-mesurable si et seulement si f_L est λ-mesurable. En effet, cette condition est évidemment nécessaire. Inversement, si elle est vérifiée, il existe une partition de L en un ensemble λ-négligeable N et une suite (L_n) d'ensembles compacts, tels que f_{L_n} soit continue pour tout n. Si K est une partie compacte de T, l'ensemble $K - \bigcup_n (K \cap L_n)$ a une intersection avec L qui est λ-négligeable, donc cet ensemble est μ-négligeable d'après la formule (3) du n° 3, et la restriction de f à $K \cap L_n$ est continue pour tout n.

La déf. 7 permet d'étendre, sans nouvelle démonstration, nombre de résultats sur les fonctions mesurables au cas des espaces non localement compacts. En voici quelques-uns, que nous utiliserons par la suite sans autre référence: les ensembles ouverts, les ensembles fermés de T sont μ-mesurables; les ensembles μ-mesurables forment une tribu (chap. IV, 2e éd., § 5, n° 4, cor. 2 du th. 2), qui contient les ensembles boréliens de T (*loc. cit.*, cor. 3), et les ensembles sousliniens (chap. IV, § 5, n° 1, cor. 2 de la prop. 3)(1). Les opérations algébriques usuelles sur les fonctions numériques préservent la mesurabilité (chap. IV, 2e éd., § 5, n° 3), ainsi que les opérations de passage à la limite dénombrable (*loc. cit.*, n° 4, th. 2 et cor. 1). La propriété suivante mérite une mention plus explicite:

1. La démonstration de ce corollaire est valable sans modification pour les ensembles sousliniens dans un espace localement compact non métrisable (*Top. gén.*, chap. IX, 3e éd., § 6, n° 9, th. 5).

PROPOSITION 4. — *Soient f une fonction positive et $(g_n)_{n \geqslant 1}$ une suite de fonctions positives μ-mesurables sur* T. *Si l'on pose $g = \sum_{n \geqslant 1} g_n$, on a*

$$\mu^\bullet(fg) = \sum_{n \geqslant 1} \mu^\bullet(fg_n). \tag{4}$$

Posons $h_n = \sum_{i=1}^{n} g_i$ pour tout $n \geqslant 1$. Pour toute partie compacte K de T, on a

$$\mu_{\mathrm{K}}^\bullet((fh_n)_{\mathrm{K}}) = \sum_{i=1}^{n} \mu_{\mathrm{K}}^\bullet((fg_i)_{\mathrm{K}})$$

d'après la prop. 2 du chap. V, 2ᵉ éd., § 1, n° 1 appliquée à l'espace compact K. Passant à la limite selon l'ensemble filtrant croissant des parties compactes de T, on obtient

$$\mu^\bullet(fh_n) = \sum_{i=1}^{n} \mu^\bullet(fg_i).$$

Or fg est la limite de la suite croissante $(fh_n)_{n \geqslant 1}$, d'où $\mu^\bullet(fg) = \lim_{n \to \infty} \mu^\bullet(fh_n)$; la formule précédente entraîne alors immédiatement (4).

COROLLAIRE. — *Soit (A_n) une suite de parties mesurables deux à deux disjointes, de réunion* A. *Pour toute partie* B *de* T, *on a*

$$\mu^\bullet(\mathrm{A} \cap \mathrm{B}) = \sum_n \mu^\bullet(\mathrm{A}_n \cap \mathrm{B})$$

et en particulier

$$\mu^\bullet(\mathrm{A}) = \sum_n \mu^\bullet(\mathrm{A}_n).$$

Parmi les propriétés des fonctions ou ensembles mesurables qui s'étendent comme ci-dessus aux espaces séparés, citons aussi la prop. 12 du chap. IV, 2ᵉ éd., § 5, n° 8 (familles μ-denses d'ensembles compacts). Ainsi, une fonction f à valeurs dans un espace topologique (séparé ou non) est μ-mesurable si et seulement si l'ensemble des parties compactes K de T, telles que f_{K} soit continue, est μ-dense (*loc. cit.*, n° 10, prop. 15).

6. Familles filtrantes; support d'une mesure

PROPOSITION 5. — *a) Soit* H *un ensemble filtrant croissant de fonctions $\geqslant 0$, semi-continues inférieurement dans toute partie compacte de* T. *On a alors*

$$\mu^\bullet(\sup_{h \in \mathrm{H}} h) = \sup_{h \in \mathrm{H}} \mu^\bullet(h). \tag{5}$$

b) Soit H *un ensemble filtrant décroissant de fonctions $\geqslant 0$, semi-continues supérieurement dans tout compact de* T. *S'il existe dans* H *une fonction h_0 telle que $\mu^\bullet(h_0) < +\infty$, on a*

$$\mu^\bullet(\inf_{h \in \mathrm{H}} h) = \inf_{h \in \mathrm{H}} \mu^\bullet(h). \tag{6}$$

Nous avons en effet, pour tout ensemble compact $K \subset T$

$$\mu^\bullet(\sup_{h \in H} h\varphi_K) = \mu_K^\bullet(\sup_{h \in H} h_K) = \sup_{h \in H} \mu_K^\bullet(h_K) = \sup_{h \in H} \mu^\bullet(h\varphi_K)$$

dans le cas *a*) et

$$\mu^\bullet(\inf_{h \in H} h\varphi_K) = \mu_K^\bullet(\inf_{h \in H} h_K) = \inf_{h \in H} \mu_K^\bullet(h_K) = \inf_{h \in H} \mu^\bullet(h\varphi_K)$$

dans le cas *b*) d'après la prop. 2 du n° 2, et la prop. 8 du chap. V, 2e éd., § 1, n° 2. Le cas *a*) s'en déduit aussitôt, par passage à la borne supérieure par rapport à K (n° 2, prop. 2). Pour traiter le cas *b*), désignons par ε un nombre > 0, et choisissons l'ensemble compact K tel que l'on ait $\mu^\bullet(h_0\varphi_K) \geqslant \mu^\bullet(h_0) - \varepsilon$. Nous avons alors (n° 5, prop. 4) $\mu^\bullet(h_0\varphi_{\complement K}) \leqslant \varepsilon$; pour toute fonction $h \in H$ majorée par h_0, on a donc $\mu^\bullet(h\varphi_{\complement K}) \leqslant \varepsilon$, et finalement $\mu^\bullet(h\varphi_K) \geqslant \mu^\bullet(h) - \varepsilon$ d'après la prop. 4 du n° 5. Par conséquent, on a

$$\mu^\bullet(\inf_{h \in H} h) \geqslant \mu^\bullet(\inf_{h \in H} h\varphi_K) = \inf_{\substack{h \in H \\ h \leqslant h_0}} \mu^\bullet(h\varphi_K) \geqslant \inf_{\substack{h \in H \\ h \leqslant h_0}} \mu^\bullet(h) - \varepsilon.$$

Par conséquent, le premier membre de (6) majore le second; l'inégalité inverse étant évidente, la proposition est établie.

COROLLAIRE. — *a*) *Soit* $(U_\alpha)_{\alpha \in I}$ *une famille filtrante croissante de parties ouvertes de* T, *de réunion* U. *On a* $\mu^\bullet(U) = \sup_{\alpha \in I} \mu^\bullet(U_\alpha)$.

b) *Soit* $(F_\alpha)_{\alpha \in I}$ *une famille filtrante décroissante de parties fermées de* T, *d'intersection* F. *S'il existe* $\alpha \in I$ *tel que* $\mu^\bullet(F_\alpha)$ *soit fini, on a* $\mu^\bullet(F) = \inf_{\alpha \in I} \mu^\bullet(F_\alpha)$.

D'après le cor. précédent, il existe un plus grand ouvert localement négligeable; ceci justifie la définition suivante:

DÉFINITION 8. — *On appelle support d'une mesure* μ *sur* T *le complémentaire du plus grand ensemble ouvert localement* μ*-négligeable de* T.

Le support de μ est désigné par la notation $\operatorname{Supp}(\mu)$.

Remarques. — 1) Si μ est une mesure complexe, on appelle support de μ le support de la mesure positive $|\mu|$; c'est encore le complémentaire du plus grand ensemble ouvert localement μ-négligeable.

2) Montrons que les mesures introduites dans l'*Exemple* 2 du n° 3 sont les mesures à support compact dans T. Soit μ une mesure positive sur T dont le support est un ensemble compact K, et soit ν la mesure définie par μ_K (au sens du n° 3). Soit $f \in \mathscr{F}_+(T)$; on a

$$\nu^\bullet(f) = \mu_K^\bullet(f_K) \qquad \text{(n° 3, formule (3))}.$$

L'encombrement $\mu^\bullet$ étant concentré sur K, on a aussi

$$\mu^\bullet(f) = \mu^\bullet(f\varphi_K) = \mu^\bullet((f_K)^0) = \mu_K^\bullet(f_K)$$

d'où $\mu^\bullet = \nu^\bullet$, et enfin $\mu = \nu$. Inversement, si K est un ensemble compact dans T et λ une mesure sur K, et si μ est la mesure sur T définie par λ, on a $\mu^\bullet(\complement K) = 0$ (n° 3, formule (3)); par suite, le support de μ est contenu dans K, donc est compact.

7. Enveloppes supérieures et sommes de mesures

PROPOSITION 6. — *Soit* $(\lambda_\alpha)_{\alpha\in A}$ *une famille filtrante croissante de mesures sur* T, *et soit* $p = \sup_\alpha \lambda_\alpha^\bullet$. *Pour que la famille* (λ_α) *soit majorée dans* $\mathcal{M}(T)$, *il faut et il suffit que l'encombrement p soit localement borné. La famille* (λ_α) *admet alors une borne supérieure* λ *dans* $\mathcal{M}(T)$, *et on a* $\lambda^\bullet = p$. *Pour tout ensemble compact* K, *la mesure* λ_K *est la borne supérieure des mesures* $(\lambda_\alpha)_K$ *dans* $\mathcal{M}(K)$.

Si la famille (λ_α) est majorée dans $\mathcal{M}(T)$, p est évidemment localement borné. Inversement, supposons p localement borné, et montrons qu'il satisfait aux conditions 1) et 2) de la prop. 2, *b*) du n° 2. Pour 2), cela résulte des égalités suivantes:

$$p(f) = \sup_\alpha \lambda_\alpha^\bullet(f) = \sup_\alpha \sup_K \lambda_\alpha^\bullet(f\varphi_K) = \sup_K \sup_\alpha \lambda_\alpha^\bullet(f\varphi_K) = \sup_K p(f\varphi_K).$$

D'autre part, soit K un ensemble compact; l'encombrement p_K est égal à l'enveloppe supérieure des encombrements $(\lambda_\alpha^\bullet)_K$, et il est borné puisque p est localement borné. Les mesures $(\lambda_\alpha)_K$ admettent donc une borne supérieure λ_K dans $\mathcal{M}(K)$, et on a $\lambda_K^\bullet = p_K$ (chap. V, 2ᵉ éd., § 1, n° 4, prop. 11). La condition 1) de la prop. 2, *b*) du n° 2 est donc satisfaite, et il existe donc une mesure λ sur T telle que $\lambda^\bullet = p$; il est clair que λ est la borne supérieure des mesures λ_α.

DÉFINITION 9. — *Soit* $(\mu_i)_{i\in I}$ *une famille de mesures sur* T. *Soit* A *l'ensemble des parties finies de* I; *pour tout* $\alpha \in A$, *soit* $\lambda_\alpha = \sum_{i\in\alpha} \mu_i$. *Si la famille* (λ_α) *admet dans* $\mathcal{M}(T)$ *une borne supérieure* μ, *on dit que la famille* (μ_i) *est sommable, que* μ *est la somme de la famille* (μ_i), *et on écrit* $\mu = \sum_{i\in I} \mu_i$.

Cette définition étend la déf. du chap. V, 2ᵉ éd., § 2, n° 1.

PROPOSITION 7. — *Pour que la famille* $(\mu_i)_{i\in I}$ *soit sommable, il faut et il suffit que l'encombrement* $p = \sum_{i\in I} \mu_i^\bullet$ *soit localement borné, et l'on a dans ce cas* $p = \mu^\bullet$. *Pour toute partie compacte* K *de* T, *la famille* $((\mu_i)_K)_{i\in I}$ *est alors sommable dans* $\mathcal{M}(K)$, *et l'on a* $\mu_K = \sum_{i\in I} (\mu_i)_K$.

Les notations étant celles de la déf. 9, on a $\lambda_\alpha^\bullet = \sum_{i\in\alpha} \mu_i^\bullet$ pour toute partie finie α de A (n° 2, *Remarque* 1). L'énoncé est alors une conséquence immédiate de la prop. 6.

La relation $\mu_K = \sum_{i\in I} (\mu_i)_K$ et la prop. 2 du chap. V, 2ᵉ éd., § 2, n° 2 nous donnent le résultat suivant:

PROPOSITION 8. — *Soit* μ *la somme d'une famille sommable* $(\mu_i)_{i\in I}$ *de mesures sur* T. *Pour qu'une application f de* T *dans un espace topologique* F (*séparé ou non*) *soit* μ-*mesurable, il faut et il suffit que f soit* μ_i-*mesurable pour tout* $i \in I$.

8. Concassages

DÉFINITION 10. — *On appelle concassage de* T *pour* μ, *ou* μ*-concassage, une famille localement dénombrable* $(K_\alpha)_{\alpha \in A}$ *de parties compactes de* T *deux à deux disjointes, telles que l'ensemble* $N = T - \bigcup_{\alpha \in A} K_\alpha$ *soit localement* μ*-négligeable.*

PROPOSITION 9. — *a) Il existe un concassage* $(K_\alpha)_{\alpha \in A}$ *de* T *pour* μ.

b) Soit $(K_\alpha)_{\alpha \in A}$ *un concassage de* T *pour* μ. *Si* μ_α *est la mesure sur* T *définie par* μ_{K_α} *(n° 3, Exemple 2), la famille* $(\mu_\alpha)_{\alpha \in A}$ *est sommable, sa somme est égale à* μ, *et on a pour toute fonction* $f \in \mathscr{F}_+(T)$ *la relation*

$$\mu^\bullet(f) = \sum_{\alpha \in A} \mu_\alpha^\bullet(f) = \sum_{\alpha \in A} \mu_{K_\alpha}^\bullet(f_{K_\alpha}).^{(1)} \tag{7}$$

Pour qu'une application g de T *dans un espace topologique* G *(séparé ou non) soit* μ*-mesurable, il faut et il suffit que* g_{K_α} *soit* μ_{K_α}*-mesurable pour tout* $\alpha \in A$.

A) *Existence d'un concassage:*

La démonstration répète celle de la prop. 14 du chap. IV, 2ᵉ éd., § 5, n° 9, à de légères modification près. Soit $\mathfrak{K}$ l'ensemble des parties compactes K de T telles que Supp $(\mu_K) = K$, et soit $\mathscr{H}$ l'ensemble (ordonné par inclusion) des parties $\mathfrak{L}$ de $\mathfrak{K}$ formées d'ensembles deux à deux disjoints. Montrons d'abord que tout élément $\mathfrak{L}$ de $\mathscr{H}$ est *localement dénombrable*. Soient x un point de T, et V un voisinage ouvert de x tel que $\mu^\bullet(V) < \infty$; soit $\mathfrak{L}_V$ l'ensemble des $K \in \mathfrak{L}$ qui rencontrent V. Si $(K_i)_{1 \leqslant i \leqslant n}$ est une suite finie d'éléments distincts de $\mathfrak{L}_V$, on a d'après le cor. de la prop. 4

$$\sum_{i=1}^{n} \mu^\bullet(K_i \cap V) = \mu^\bullet(V \cap (\bigcup_{i=1}^{n} K_i)) \leqslant \mu^\bullet(V),$$

puisque les K_i sont deux à deux disjoints. On a donc

$$\sum_{K \in \mathfrak{L}_V} \mu^\bullet(K \cap V) < +\infty.$$

Or on a $\mu^\bullet(K \cap V) = \mu_K^\bullet(K \cap V) > 0$ pour tout $K \in \mathfrak{L}_V$, car $K \cap V$ est non vide, ouvert dans K, et le support de μ_K est K tout entier; $\mathfrak{L}_V$ est donc dénombrable, et $\mathfrak{L}$ est bien localement dénombrable. Il est immédiat que $\mathscr{H}$ est inductif, et non vide (on a $\varnothing \in \mathscr{H}$). Soit donc $\mathfrak{H}$ un élément maximal de $\mathscr{H}$. Nous allons montrer que l'ensemble $N = T - \bigcup_{K \in \mathfrak{H}} K$ est localement négligeable. D'après la prop. 2, il suffit de vérifier que $\mu^\bullet(N \cap L) = 0$ pour tout ensemble compact L, ou encore que $\mu_L^\bullet(N \cap L) = 0$. Nous raisonnerons par l'absurde. Supposons donc $\mu_L^\bullet(N \cap L) > 0$. L'ensemble des $K \in \mathfrak{H}$ qui rencontrent L étant dénombrable, $N \cap L$ est μ_L-mesurable; il existe donc un ensemble compact J contenu dans $N \cap L$, tel que $\mu_L^\bullet(J) > 0$. Soit S le support de la mesure non nulle $(\mu_L)_J = \mu_J$; il est contenu dans N, la mesure μ_S n'est pas nulle, et on a Supp $(\mu_S) = S$

(1) Nous verrons plus loin (§ 2, n° 2) que μ_α est la mesure $\varphi_{K_\alpha} \cdot \mu$.

(chap. IV, 2ᵉ éd., § 5, n° 7, lemme 2). L'ensemble $\mathfrak{H} \cup \{S\}$ appartient donc à $\mathscr{H}$, en contradiction avec le caractère maximal de $\mathfrak{H}$. Ceci prouve l'existence d'un concassage.

B) *Démonstration de* (7) *:*

Pour tout $\alpha \in A$, on a $\mu_\alpha^\bullet(f) = \mu_{K_\alpha}^\bullet(f_{K_\alpha}) = \mu^\bullet(f\varphi_{K_\alpha})$ d'après la formule (3) du n° 3 et la prop. 2, a) du n° 2; ces formules montrent que l'encombrement $\sum_{\alpha \in A} \mu_\alpha^\bullet$ est majoré par $\mu^\bullet$, donc que la famille $(\mu_\alpha)_{\alpha \in A}$ est sommable (n° 7, prop. 7). Il suffit donc de montrer que l'on a $\mu = \sum_{\alpha \in A} \mu_\alpha$, c'est-à-dire d'établir la formule

$$\mu_K^\bullet = \sum_{\alpha \in A} (\mu_\alpha)_K^\bullet \tag{8}$$

pour toute partie compacte K de T. Or, K étant fixée, l'ensemble A′ des $\alpha \in A$ tels que K_α rencontre K est dénombrable. Soit $g \in \mathscr{F}_+(K)$; on a $g^0 = g^0\varphi_N + \sum_{\alpha \in A} g^0\varphi_{K_\alpha}$, et $g^0\varphi_{K_\alpha} = 0$ pour $\alpha \in A - A'$; d'après la prop. 4 du n° 5, on a donc $\mu^\bullet(g^0) = \sum_{\alpha \in A} \mu^\bullet(g^0\varphi_{K_\alpha})$, d'où

$$\mu_K^\bullet(g) = \mu^\bullet(g^0) = \sum_{\alpha \in A} \mu^\bullet(g^0\varphi_{K_\alpha}) = \sum_{\alpha \in A} \mu_\alpha^\bullet(g^0) = \sum_{\alpha \in A} (\mu_\alpha)_K^\bullet(g);$$

on a ainsi établi (8).

C) *Mesurabilité :*

Pour qu'une fonction g définie dans T soit μ-mesurable, il faut et il suffit qu'elle soit μ_α-mesurable pour tout $\alpha \in A$ (n° 7, prop. 8); mais cela revient à dire que g_{K_α} est μ_{K_α}-mesurable pour tout $\alpha \in A$ (n° 5, *Exemple*). C.Q.F.D.

Comme dans la prop. 14 du chap. IV, 2ᵉ éd., § 5, n° 9, on peut assujettir les compacts K_α à appartenir à un ensemble μ-dense de parties compactes de T, donné à l'avance. Nous aurons seulement besoin du résultat suivant, que nous établirons directement.

PROPOSITION 10. — *Si g est une application μ-mesurable à valeurs dans un espace topologique* G *(séparé ou non), il existe un μ-concassage* $(L_\beta)_{\beta \in B}$ *de* T *tel que les restrictions g_{L_β} soient continues pour tout* $\beta \in B$.

Considérons un concassage $(K_\alpha)_{\alpha \in A}$ de T pour μ. L'application g étant mesurable, il existe pour chaque $\alpha \in A$ une partition de K_α en une suite $(K_{\alpha n})$ d'ensembles compacts et un ensemble localement négligeable N_α, tels que la restriction de g à chacun des ensembles $K_{\alpha n}$ soit continue. La famille $(K_{\alpha n})_{(\alpha, n) \in A \times N}$ est alors le concassage cherché. Elle est en effet localement dénombrable, et l'ensemble $N' = N \cup (\bigcup_{\alpha} N_{\alpha})$ est localement négligeable, car un ensemble compact rencontre au plus une infinité dénombrable d'ensembles N_{α}.

SCHOLIE. — Soit $(K_{\alpha})_{\alpha \in A}$ un concassage de T, et soit $N = T - \bigcup_{\alpha} K_{\alpha}$. Nous désignerons par T' l'espace localement compact obtenu en munissant T de la topologie somme des topologies des sous-espaces K_{α}, et d'une topologie localement compacte quelconque sur N (sauf mention du contraire, nous munirons toujours N de la topologie discrète). Pour chaque $\alpha \in A$, soit i_{α} l'injection canonique de K_{α} dans T', et soit μ'_{α} la mesure sur T', image de $\mu_{K_{\alpha}}$ par i_{α}. La famille (μ'_{α}) est sommable: en effet, si f est une fonction continue à support compact dans T', $\mathrm{Supp}(f)$ ne rencontre K_{α} que pour un nombre fini d'indices α. Nous poserons $\mu' = \sum_{\alpha \in A} \mu'_{\alpha}$. L'ensemble N étant localement négligeable pour μ', puisqu'il l'est pour chaque μ'_{α} (prop. 9), la famille $(K_{\alpha})_{\alpha \in A}$ est un μ'-concassage de T'; or la mesure induite par μ' sur K_{α} est évidemment $\mu_{K_{\alpha}}$ et la formule (7), appliquée à μ et à μ', montre que $\mu^{\bullet} = \mu'^{\bullet}$. De même, la dernière assertion de l'énoncé, appliquée à μ et à μ', montre que *les applications mesurables sont les mêmes pour les deux mesures* μ *et* μ'.

Ces deux propriétés permettent de ramener presque toute la théorie de l'intégration par rapport à μ à la théorie faite sur les espaces localement compacts. Ces considérations seront développées au n° 10.

Voici une autre application de la notion de concassage:

PROPOSITION 11. — *Soit* X *une partie* μ*-mesurable de* T. *Il existe une famille localement dénombrable* $(L_{\alpha})_{\alpha \in A}$ *de parties compactes de* X, *deux à deux disjointes, telle que* $X - \bigcup_{\alpha \in A} L_{\alpha}$ *soit localement* μ*-négligeable. Si, de plus,* X *est réunion d'une suite* (X_n) *d'ensembles mesurables tels que* $\mu^{\bullet}(X_n) < +\infty$, *l'ensemble* B *des* $\alpha \in A$ *tels que* $\mu^{\bullet}(L_{\alpha}) \neq 0$ *est dénombrable, et* $X - \bigcup_{\beta \in B} L_{\beta}$ *est localement* μ*-négligeable.*

Soit f la fonction caractéristique de X, et soit $(K_{\alpha})_{\alpha \in A}$ un concassage de T tel que la restriction de f à chacun des K_{α} soit continue (prop. 10). L'ensemble $L_{\alpha} = K_{\alpha} \cap X$ est alors compact pour tout $\alpha \in A$, et $(L_{\alpha})_{\alpha \in A}$ est la famille cherchée. Passons à la seconde assertion; les ensembles mesurables X_n peuvent évidemment être supposés disjoints, et il suffit d'établir l'énoncé pour chacun d'eux. Autrement dit, quitte à changer de notation, nous pouvons supposer $\mu^{\bullet}(X) < +\infty$. L'ensemble B des $\alpha \in A$ tels que $\mu^{\bullet}(L_{\alpha}) > 0$ est alors dénombrable, et il nous reste seulement à prouver que l'ensemble $N = \bigcup_{\alpha \in A - B} L_{\alpha}$ est localement négligeable. Mais soit K un ensemble compact; la famille $(L_{\alpha})_{\alpha \in A}$ étant localement dénombrable, l'ensemble $K \cap N$ est réunion d'une sous-famille *dénombrable* de la famille $(K \cap L_{\alpha})_{\alpha \in A - B}$, et cet ensemble est donc localement négligeable. Il en est alors de même de N (n° 2, prop. 2) et la proposition est établie.

9. Intégrale supérieure

DÉFINITION 11. — *Pour toute fonction* $f \in \mathscr{F}_+(\mathrm{T})$, *on appelle intégrale supérieure de* f (*par rapport à la mesure* μ) *le nombre positif fini ou infini*

(9) $$\mu^*(f) = \inf_g \mu^\bullet(g)$$

où g *parcourt l'ensemble des fonctions semi-continues inférieurement qui majorent* f.

On utilise aussi les notations $\int^* f(t)\, d\mu(t)$ et $\int^* f\, d\mu$. Lorsque T est localement compact, cette définition coïncide avec la définition usuelle (chap. V, 2ᵉ éd., § 1, n° 1, prop. 4). On a évidemment $\mu^\bullet(f) \leqslant \mu^*(f)$, avec égalité si f est semi-continue inférieurement. Si A est une partie de T, on écrit $\mu^*(\mathrm{A})$ au lieu de $\mu^*(\varphi_\mathrm{A})$, et ce nombre est appelé la *mesure extérieure* de A. Les ensembles mesurables de mesure extérieure finie sont appelés *ensembles intégrables*, comme dans le cas des espaces localement compacts.

Une fonction $\mathbf{f}$ à valeurs dans un espace de Banach ou dans $\overline{\mathbf{R}}$ telle que $\mu^*(|\mathbf{f}|) = 0$ est dite *négligeable*; un ensemble $\mathrm{A} \subset \mathrm{T}$ est dit négligeable si φ_A est négligeable, c'est-à-dire si l'on a $\mu^*(\mathrm{A}) = 0$. On introduit l'expression *presque partout* comme au chap. IV, 2ᵉ éd., § 2, n° 3.

PROPOSITION 12. — *La fonction* μ^* *est un encombrement sur* T.

Les propriétés *a*), *b*), *c*) de la déf. 1 du n° 1 sont évidentes. La démonstration de la propriété *d*) est identique à celle du th. 3 du chap. IV, 2ᵉ éd., § 1, n° 3, compte tenu des prop. 4 et 5, *a*).

COROLLAIRE. — *Une fonction* $\mathbf{f}$, *à valeurs dans un espace de Banach ou dans* $\overline{\mathbf{R}}$, *est négligeable si et seulement si* $\mathbf{f}(t) = 0$ *presque partout.*

On se ramène immédiatement au cas d'une fonction positive. La démonstration est alors identique à celle du th. 1 du chap. IV, 2ᵉ éd., § 2, n° 3.

PROPOSITION 13. — *Pour toute partie* A *de* T, $\mu^*(\mathrm{A})$ *est la borne inférieure des mesures extérieures des ensembles ouverts contenant* A.

La démonstration est identique à celle de la prop. 19 du chap. IV, 2ᵉ éd., § 1, n° 4.

DÉFINITION 12. — *Soit* $\mathbf{f}$ *une fonction définie dans* T, *à valeurs dans un espace de Banach ou dans* $\overline{\mathbf{R}}$. *On dit que* $\mathbf{f}$ *est modérée pour la mesure* μ, *ou* μ*-modérée, si* $\mathbf{f}$ *est nulle dans le complémentaire d'une réunion dénombrable d'ouverts intégrables. On dit qu'une partie* A *de* T *est modérée si la fonction* φ_A *est modérée. On dit que la mesure* μ *est modérée si la fonction* 1 *est* μ*-modérée.*

Par exemple, l'encombrement $\mu^\bullet$ étant localement borné, toute partie compacte K de T est contenue dans un ensemble ouvert V tel que $\mu^\bullet(\mathrm{V}) < +\infty$; une fonction nulle hors d'un ensemble compact est donc modérée. Une fonction négligeable est modérée. Les remarques qui suivent la déf. 2 du chap. V, 2ᵉ éd., § 1, n° 2 s'étendent aussitôt à la présente situation. En particulier, la somme d'une suite de fonctions positives modérées est modérée.

Remarques. — 1) Sur un espace de Lindelöf T (*Top. Gén.*, chap. IX, 3ᵉ édit., Appendice I, déf. 1), et en particulier sur un espace souslinien, toute mesure est modérée. Les ouverts de mesure finie forment en effet un recouvrement de T, dont on peut extraire un recouvrement dénombrable de T.

2) On prendra garde que l'existence d'une suite d'ensembles boréliens de mesure finie pour μ, de réunion T, n'entraîne pas nécessairement l'existence d'une suite d'ensembles *ouverts* de mesure finie, de réunion T (autrement dit, n'entraîne pas que μ est modérée). Voir l'exerc. 8.

PROPOSITION 14. — *Soit* $f \in \mathscr{F}_+(\mathrm{T})$. *Si f est μ-modérée, on a* $\mu^*(f) = \mu^{\bullet}(f)$; *si f n'est pas μ-modérée, on a* $\mu^*(f) = +\infty$.

Si $\mu^*(f) < +\infty$, il existe une fonction semi-continue inférieurement $g \geqslant f$ telle que $\mu^{\bullet}(g) < +\infty$. Pour tout $n \in \mathbf{N}$, soit G_n l'ensemble des $t \in \mathrm{T}$ tels que $g(t) > 1/n$; l'ensemble G_n est ouvert, on a $\mu^{\bullet}(\mathrm{G}_n) \leqslant n\mu^{\bullet}(g) < +\infty$, et f est nulle hors de la réunion des G_n : la fonction f est donc modérée.

Montrons ensuite que μ^* et $\mu^{\bullet}$ ont même valeur pour les fonctions modérées. Comme μ^* et $\mu^{\bullet}$ sont des encombrements, il suffit d'établir la relation $\mu^*(f) = \mu^{\bullet}(f)$ lorsque f est une fonction positive, majorée par une constante M, et nulle hors d'un ensemble ouvert G de mesure finie, ce que nous allons faire à présent.

La mesure μ est la borne supérieure, dans $\mathscr{M}(\mathrm{T})$, d'une famille filtrante croissante $(\mu_i)_{i \in \mathrm{I}}$ de mesures à support compact : cela résulte aussitôt de la prop. 9 du nᵒ 8. Soit g une fonction semi-continue inférieurement dans T, comprise entre f et la fonction semi-continue inférieurement $\mathrm{M}\varphi_\mathrm{G}$. Posons $\nu_i = \mu - \mu_i$; on a $\mu^{\bullet} = \mu_i^{\bullet} + \nu_i^{\bullet}$ (nᵒ 2, *Remarque* 1) et par conséquent

$$\mu^{\bullet}(g) - \mu^{\bullet}(f) = (\mu_i^{\bullet}(g) - \mu_i^{\bullet}(f)) + (\nu_i^{\bullet}(g) - \nu_i^{\bullet}(f))$$

$$\leqslant (\mu_i^{\bullet}(g) - \mu_i^{\bullet}(f)) + \nu_i^{\bullet}(\mathrm{M}\varphi_\mathrm{G}).$$

On a $\nu_i^{\bullet}(\mathrm{M}\varphi_\mathrm{G}) = \mu^{\bullet}(\mathrm{M}\varphi_\mathrm{G}) - \mu_i^{\bullet}(\mathrm{M}\varphi_\mathrm{G})$ et $\mu^{\bullet}(\mathrm{M}\varphi_\mathrm{G}) = \sup \mu_i^{\bullet}(\mathrm{M}\varphi_\mathrm{G})$ (nᵒ 7, prop. 6) ; le nombre $\nu_i^{\bullet}(\mathrm{M}\varphi_\mathrm{G})$ peut donc être rendu arbitrairement petit par un choix convenable de i. Tout revient donc à montrer qu'on peut trouver, quels que soient le nombre $c > 0$ et l'indice $i \in \mathrm{I}$, une fonction semi-continue inférieurement g comprise entre f et $\mathrm{M}\varphi_\mathrm{G}$, telle que $\mu_i^{\bullet}(g) - \mu_i^{\bullet}(f) \leqslant c$. Or soit L le support compact de la mesure μ_i, et soit λ la mesure $(\mu_i)_\mathrm{L}$; puisque μ_i est concentrée sur L, on a $\mu_i^{\bullet}(h) = \mu_i^{\bullet}(h\varphi_\mathrm{L}) = \lambda^{\bullet}(h_\mathrm{L})$ pour toute fonction $h \in \mathscr{F}_+(\mathrm{T})$ (nᵒ 1, lemme 1 et nᵒ 2, prop. 2) ; on a donc

$$\mu_i^{\bullet}(g) - \mu_i^{\bullet}(f) = \lambda^{\bullet}(g_\mathrm{L}) - \lambda^{\bullet}(f_\mathrm{L}).$$

Mais L est compact ; on a donc $\lambda^{\bullet} = \lambda^*$, et il existe par conséquent une fonction semi-continue inférieurement h définie dans L, majorant f_L et telle que $\lambda^{\bullet}(h) \leqslant \lambda^{\bullet}(f_\mathrm{L}) + c$. L'ensemble L étant fermé dans T, la fonction k égale à h dans L, et à $+\infty$ dans T — L, est semi-continue inférieurement dans T et majore

f, et on a $\lambda^\bullet(k_L) = \lambda^\bullet(h) \leqslant \lambda^\bullet(f_L) + c$. Il ne reste plus qu'à poser $g = \inf(k, M\varphi_G)$: g est semi-continue inférieurement, majore f, et on a

$$\mu_i^\bullet(g) \leqslant \mu_i^\bullet(k) = \lambda^\bullet(k_L) \leqslant \lambda^\bullet(f_L) + c = \mu_i^\bullet(f) + c.$$

COROLLAIRE 1. — *Pour qu'une fonction soit négligeable, il faut et il suffit qu'elle soit localement négligeable et modérée.*

COROLLAIRE 2. — *Pour qu'une fonction f soit localement négligeable, il faut et il suffit que tout $x \in T$ possède un voisinage V tel que $f\varphi_V$ soit négligeable.*

En effet, si cette propriété est satisfaite, $f\varphi_K$ est négligeable pour tout ensemble compact K, et f est donc localement négligeable (n° 2, prop. 2). Inversement, supposons que f soit localement négligeable, et soit x un point de T; il admet un voisinage ouvert V de mesure finie. La fonction $f\varphi_V$ est alors localement négligeable et modérée, donc négligeable.

COROLLAIRE 3. — *Soit $\mathbf{f}$ une fonction modérée définie dans T. Il existe une suite (K_n) de parties compactes deux à deux disjointes, et un ensemble négligeable H, tels que* $\mathbf{f} = \mathbf{f}\varphi_H + \sum_n \mathbf{f}\varphi_{K_n}$.

En effet, soit G un ensemble, réunion dénombrable d'ouverts intégrables tels que f soit nulle hors de G; alors G est réunion d'une suite (K_n) d'ensembles compacts disjoints deux à deux, et d'un ensemble localement négligeable H (n° 8, prop. 11); mais H est modéré, donc négligeable.

COROLLAIRE 4. — *Soient μ et ν deux mesures sur T telles que $\mu^* = \nu^*$, on a alors $\mu = \nu$.*

En effet, l'égalité $\mu^* = \nu^*$ entraîne $\mu^\bullet(f) = \nu^\bullet(f)$ pour toute fonction positive f, modérée pour μ et ν, donc pour toute fonction positive à support compact. On en déduit $\mu^\bullet = \nu^\bullet$ (n° 2, prop. 2), puis $\mu = \nu$ (n° 2, cor. de la prop. 2).

COROLLAIRE 5. — *Si μ est une mesure modérée sur T, il existe une suite $(\mu_n)_{n\in\mathbf{N}}$ de mesures à support compact telle que* $\mu = \sum_{n\in\mathbf{N}} \mu_n$.

Par hypothèse, la fonction constante 1 est μ-modérée. Appliquons le cor. 3 au cas $f = 1$; il existe donc une suite $(K_n)_{n\in\mathbf{N}}$ de parties compactes de T deux à deux disjointes telle que $1 = \sum_{n\in\mathbf{N}} \varphi_{K_n}$ μ-presque partout. Soit μ_n la mesure définie par la mesure μ_{K_n} sur K_n (n° 3, *Exemple* 2). On sait (n° 6, *Remarque* 2) que μ_n est à support compact, et que l'on a $\mu_n^\bullet(f) = \mu^\bullet(f\varphi_{K_n})$ pour $f \in \mathscr{F}_+(T)$. Or f est égale à $\sum_{n\in\mathbf{N}} f\varphi_{K_n}$ μ-presque partout, d'où $\mu^\bullet(f) = \sum_{n\in\mathbf{N}} \mu^\bullet(f\varphi_{K_n}) = \sum_{n\in\mathbf{N}} \mu_n^\bullet(f)$. On en déduit $\mu = \sum_{n\in\mathbf{N}} \mu_n$ (n° 7, prop. 7).

10. Théorie de l'intégration

Définition 13. — *Soit* $p \in [1, +\infty[$; *on désigne par* $\overline{\mathscr{L}}^p(\mathrm{T}, \mu)$ (resp. $\overline{\mathscr{L}}^p_{\mathrm{F}}(\mathrm{T}, \mu)$ *si* F *est un espace de Banach*) *l'ensemble des applications* $\mathbf{f}$ *de* T *dans* $\overline{\mathbf{R}}$ (resp. *dans* F), μ-*mesurables et telles que* $\mu^{\bullet}(|\mathbf{f}|^p) < +\infty$. *On désigne par* $\mathscr{L}^p(\mathrm{T}, \mu)$ (resp. $\mathscr{L}^p_{\mathrm{F}}(\mathrm{T}, \mu)$) *l'ensemble des éléments* μ-*modérés de* $\overline{\mathscr{L}}^p(\mathrm{T}, \mu)$ (resp. $\overline{\mathscr{L}}^p_{\mathrm{F}}(\mathrm{T}, \mu)$).

On posera $\overline{\mathrm{N}}_p(\mathbf{f}) = (\mu^{\bullet}(|\mathbf{f}|^p))^{1/p}$, $\mathrm{N}_p(\mathbf{f}) = (\mu^*(|\mathbf{f}|^p))^{1/p}$. On désigne par $\overline{\mathrm{N}}_\infty(\mathbf{f})$ la borne inférieure des nombres $k \geqslant 0$ tels que $|\mathbf{f}| \leqslant k$ localement μ-presque partout; si $\overline{\mathrm{N}}_\infty(\mathbf{f}) < +\infty$, on dit que $\mathbf{f}$ est essentiellement bornée. L'ensemble des applications mesurables et essentiellement bornées de T dans $\overline{\mathbf{R}}$ (resp. dans F) est désigné par $\overline{\mathscr{L}}^\infty(\mathrm{T}, \mu)$ (resp $\overline{\mathscr{L}}^\infty_{\mathrm{F}}(\mathrm{T}, \mu)$). Les éléments de $\overline{\mathscr{L}}^1_{\mathrm{F}}(\mathrm{T}, \mu)$ (resp. $\mathscr{L}^1_{\mathrm{F}}(\mathrm{T}, \mu)$) sont appelés fonctions essentiellement intégrables (resp. fonctions intégrables) à valeurs dans F.

Si μ est une mesure complexe, on posera

$$\overline{\mathscr{L}}^p_{\mathrm{F}}(\mathrm{T}, \mu) = \overline{\mathscr{L}}^p_{\mathrm{F}}(\mathrm{T}, |\mu|) \quad \text{et} \quad \mathscr{L}^p_{\mathrm{F}}(\mathrm{T}, \mu) = \mathscr{L}^p_{\mathrm{F}}(\mathrm{T}, |\mu|).$$

Les notations ci-dessus sont fréquemment abrégées en $\overline{\mathscr{L}}^p_{\mathrm{F}}(\mu)$, $\overline{\mathscr{L}}^p_{\mathrm{F}}$ ou $\mathscr{L}^p(\mu)$, $\mathscr{L}^p$, si cela ne prête pas à confusion.

Nous avons vu au n° 8 (*Scholie*) que l'on peut construire un espace localement compact T', ayant même ensemble sous-jacent que T et une topologie plus fine que celle de T, et munir T' d'une mesure μ', telle que les fonctions μ-mesurables et les fonctions μ'-mesurables soient les mêmes et que les intégrales supérieures essentielles des fonctions positives pour μ et μ' soient égales. Il en résulte que les ensembles $\overline{\mathscr{L}}^p_{\mathrm{F}}(\mu)$ et $\overline{\mathscr{L}}^p_{\mathrm{F}}(\mu')$ sont identiques pour $1 \leqslant p \leqslant +\infty$.[1] Cela entraîne aussi sans nouvelle démonstration que $\overline{\mathscr{L}}^p_{\mathrm{F}}$ est un espace vectoriel, et que la fonction $\overline{\mathrm{N}}_p$ est une semi-norme sur $\overline{\mathscr{L}}^p_{\mathrm{F}}(\mu)$, pour laquelle cet espace est complet.

Soit $\mathbf{f}$ un élément de $\overline{\mathscr{L}}^p_{\mathrm{F}}$ $(1 \leqslant p < \infty)$; comme on a $\mu^{\bullet}(|\mathbf{f}|^p) = \mu'^{\bullet}(|\mathbf{f}|^p) < +\infty$, la prop. 7 du chap. V, 2e éd., § 1, n° 2 entraîne que $\mathbf{f}$ est nulle hors de la réunion d'une suite de parties compactes de T' et d'un ensemble localement μ'-négligeable; ce dernier ensemble étant localement μ-négligeable, et tout ensemble compact de T' étant compact dans T, on en déduit que $\mathbf{f}$ est égale localement μ-presque partout à une fonction μ-modérée. Désignons par $\overline{\mathscr{N}}_{\mathrm{F}}$ (resp. $\mathscr{N}_{\mathrm{F}}$) l'espace des fonctions localement μ-négligeables (resp. μ-négligeables); nous avons donc $\overline{\mathscr{L}}^p_{\mathrm{F}} = \mathscr{L}^p_{\mathrm{F}} + \overline{\mathscr{N}}_{\mathrm{F}}$, et $\mathscr{N}_{\mathrm{F}} = \mathscr{L}^p_{\mathrm{F}} \cap \overline{\mathscr{N}}_{\mathrm{F}}$ (n° 9, cor. 1 de la prop. 14). L'espace $\overline{\mathscr{L}}^p_{\mathrm{F}}/\overline{\mathscr{N}}_{\mathrm{F}}$ s'identifie donc canoniquement à $\mathscr{L}^p_{\mathrm{F}}/\mathscr{N}_{\mathrm{F}}$, et on vérifie immédiatement que cette identification préserve la norme; cet espace quotient est noté $\mathrm{L}^p_{\mathrm{F}}(\mu)$. On peut l'interpréter comme l'espace normé associé à chacun des espaces semi-normés $\overline{\mathscr{L}}^p_{\mathrm{F}}(\mu)$ ou $\mathscr{L}^p_{\mathrm{F}}(\mu)$; $\overline{\mathscr{L}}^p_{\mathrm{F}}$ étant complet, il en est de même de $\mathrm{L}^p_{\mathrm{F}}$ et de $\mathscr{L}^p_{\mathrm{F}}$.

1. On notera que l'espace $\mathscr{L}^p_{\mathrm{F}}(\mu)$ est contenu dans $\mathscr{L}^p_{\mathrm{F}}(\mu')$, mais qu'il en est distinct en général.

L'ensemble des fonctions $\mathbf{f}$ à valeurs dans F, continues à support compact sur T', est dense dans $\overline{\mathscr{L}}^p_{\mathrm{F}}(\mu') = \overline{\mathscr{L}}^p_{\mathrm{F}}(\mu)$ (chap. IV, 2ᵉ édit., § 3, n° 4, déf. 2). Reprenons les notations du *Scholie* du n° 8. Une partie compacte de T' ne rencontrant qu'un nombre fini d'ensembles compacts K_α, toute fonction $\mathbf{f}$ continue à support compact sur T' s'écrit comme une somme

$$\mathbf{f} = \sum_{\alpha \in \mathrm{A}} \mathbf{f}_\alpha + \mathbf{g}$$

où $\mathbf{f}_\alpha$ est, pour tout α, le prolongement par 0 d'une fonction continue sur K_α, où $\mathbf{f}_\alpha = 0$ sauf pour un nombre fini d'indices, et où $\mathbf{g}$ est localement μ-négligeable. Nous avons donc le résultat suivant :

Proposition 15. — *L'ensemble des fonctions* $\mathbf{f}$ *à valeurs dans* F, *telles que* $\mathrm{Supp}(\mathbf{f})$ *soit compact, et que la restriction de* $\mathbf{f}$ *à* $\mathrm{Supp}(\mathbf{f})$ *soit continue, est dense dans* $\overline{\mathscr{L}}^p_{\mathrm{F}}(\mu)$ *et dans* $\mathscr{L}^p_{\mathrm{F}}(\mu)$, *pour* $1 \leqslant p < +\infty$.

On notera que ces fonctions *ne sont pas* des fonctions continues *dans* T à support compact.

Passons à la définition de l'intégrale.

Proposition 16. — *Il existe une application linéaire continue et une seule* $\mathbf{f} \mapsto \int \mathbf{f}\, d\mu$, *de l'espace* $\overline{\mathscr{L}}^1_{\mathrm{F}}(\mu)$ *dans* F, *qui possède la propriété suivante :*

Si $\mathbf{f}$ *est de la forme* $t \mapsto g(t)\mathbf{a}$, *avec* $\mathbf{a} \in \mathrm{F}$, *et où* g *est une fonction positive, finie,* μ-*mesurable et telle que* $\mu^\bullet(g) < +\infty$, *on a* $\int \mathbf{f}\, d\mu = \mu^\bullet(g)\,.\mathbf{a}$.

En effet, les espaces semi-normés $\overline{\mathscr{L}}^1_{\mathrm{F}}(\mu)$ et $\overline{\mathscr{L}}^1_{\mathrm{F}}(\mu')$ sont identiques. Comme $\mu^\bullet = \mu'^\bullet$, l'application $\mathbf{f} \mapsto \int \mathbf{f}\, d\mu'$ satisfait à l'énoncé. D'autre part, l'ensemble des fonctions de la forme $\mathbf{f} = g.\mathbf{a}$ considérées dans l'énoncé est *total* dans $\overline{\mathscr{L}}^1_{\mathrm{F}}(\mu')$ (chap. IV, 2ᵉ éd., § 3, n° 5, prop. 10), d'où l'unicité.

On dit que $\int \mathbf{f}\, d\mu$ *est l'intégrale de* $\mathbf{f}$ *par rapport à* μ *et on note aussi ce vecteur* $\mu(\mathbf{f})$ *ou* $\int \mathbf{f}(t)\, d\mu(t)$.

Comme $\int \mathbf{f}\, d\mu = \int \mathbf{f}\, d\mu'$ pour toute fonction essentiellement intégrable $\mathbf{f}$ à valeurs dans F, toute la théorie de l'intégrale essentielle s'étend aux mesures sur les espaces séparés sans nouvelle démonstration ; on en déduit les résultats relatifs à l'intégrale ordinaire en se restreignant aux fonctions modérées. Citons en particulier les résultats suivants :

— le th. 3 du chap. IV, 2ᵉ éd., § 3, n° 4, son extension à $\overline{\mathscr{L}}^p_{\mathrm{F}}$, et ses deux corollaires.

— Le th. 4 du chap. IV, 2ᵉ éd., § 3, n° 5 (composition avec une application linéaire continue) et ses corollaires ; les prop. 9, 11 et 12 de ce même numéro.

— Tous les résultats du chap. IV, 2ᵉ éd., § 3, n° 6, relatifs à la structure d'espace vectoriel ordonné de L^p.
— Tous les résultats du chap. IV, 2ᵉ éd., § 3, n° 7 et en particulier le théorème de Lebesgue.
— Tous les résultats du chap. IV, 2ᵉ éd., § 3, n° 8, sur les relations entre les espaces L^p_F.
— Le théorème 2 du chap. IV, 2ᵉ éd., § 4, n° 3 (énoncé du théorème de Lebesgue propre à L^1_F).
— L'inégalité de Hölder (chap. IV, 2ᵉ éd., § 6, n° 4, th. 2) et ses corollaires.
— Les relations entre les espaces L^p_F établies au chap. IV, 2ᵉ éd., § 6, n° 5.
— Les résultats sur la dualité des espaces L^p établis au chap. V, 2ᵉ éd., § 5, n° 8.
— Le théorème de Dunford-Pettis (chap. VI, § 2, n° 5, th. 1), ses corollaires 1 et 2, et la prop. 10 du chap. VI, § 2, n° 6 (dual de L^1_F).

§ 2. Opérations sur les mesures

Comme dans le paragraphe précédent, T *désigne un espace topologique séparé, et* μ *une mesure sur* T. *On rappelle que toutes les mesures sont supposées positives, sauf mention du contraire.*

1. Mesure induite sur un sous-espace mesurable

Soit X une partie de T, et soit ν la restriction de l'application $\mu\colon K \mapsto \mu_K$ à l'ensemble des parties compactes de X; il est clair que ν est une prémesure sur X. D'autre part, soient $x \in X$ et V un voisinage ouvert de x dans T tel que $\mu^\bullet(V) < +\infty$; on a

$$\nu^\bullet(X \cap V) = \sup_{\substack{K \text{ compact} \\ K \subset X \cap V}} \mu^\bullet(K) \leqslant \mu^\bullet(V) < +\infty$$

d'après la *Remarque* 3 du § 1, n° 2, de sorte que ν est une mesure.

Lorsque X n'est pas μ-mesurable, les encombrements $\nu^\bullet$ et $(\mu^\bullet)_X$ ne sont pas nécessairement égaux et la mesure ν ne présente pas d'intérêt.

DÉFINITION 1. — *Soit* X *une partie* μ*-mesurable de* T. *On appelle mesure induite par* μ *sur le sous-espace* X, *et on note* μ_X *ou* $\mu|X$, *la restriction de* $\mu\colon K \mapsto \mu_K$ *à l'ensemble des parties compactes de* X.

PROPOSITION 1. — *Soit* X *une partie* μ*-mesurable de* T. *L'encombrement* $(\mu_X)^\bullet$ *est égal à l'encombrement* $(\mu^\bullet)_X$ *induit par* $\mu^\bullet$ *sur* X (§ 1, n° 1). *Autrement dit, on a* $(\mu_X)^\bullet(g) = \mu^\bullet(g^0)$ *pour toute fonction* $g \in \mathscr{F}_+(X)$.

Soient $f \in \mathscr{F}_+(X)$ et f^0 le prolongement par 0 de f à T. On a $(\mu^\bullet)_X(f) =$

$\mu^{\bullet}(f^0) = \sup_{L} \mu^{\bullet}(f^0\varphi_L)$, L parcourant l'ensemble des parties compactes de T (§ 1, n° 2, prop. 2); de même, on a $(\mu_X)^{\bullet}(f) = \sup_{K} \mu_K^{\bullet}(f_K) = \sup_{K} \mu^{\bullet}(f^0\varphi_K)$, K parcourant l'ensemble des parties compactes de X. Tout revient donc à montrer que $\mu^{\bullet}(f^0\varphi_L) = \sup_{K} \mu^{\bullet}(f^0\varphi_K)$ pour tout compact L de T, K parcourant l'ensemble des compacts de $L \cap X$. Or soit (K_n) une suite croissante d'ensembles compacts contenus dans $L \cap X$, telle que $(L \cap X) - \bigcup_n K_n$ soit localement μ-négligeable (§ 1, n° 8, prop. 11); f^0 étant nulle hors de X, $f^0\varphi_L$ est nulle hors de $L \cap X$, et donc égale localement presque partout à l'enveloppe supérieure de la suite $(f^0\varphi_{K_n})$. Cela entraîne $\mu^{\bullet}(f^0\varphi_L) = \sup_{n} \mu^{\bullet}(f^0\varphi_{K_n})$, d'où le résultat cherché.

Remarques. — 1) La relation $(\mu_X)^{\bullet} = (\mu^{\bullet})_X$ permet d'utiliser sans ambiguïté la notation $\mu_X^{\bullet}$; nous le ferons dans toute la suite. La prop. 1 précédente et la prop. 2 du § 1, n° 2 montrent que les mesures notées μ_K jusqu'à présent, pour K compact, sont bien des mesures induites au sens de la déf. 1. De même, si T est localement compact, et si X est un sous-espace localement compact de T, la prop. 1 ci-dessus et la prop. 1 du chap. V, 2° éd., § 7, n° 1 montrent que la déf. 1 coïncide avec celle du chap. IV, 2° éd., § 5, n° 7.

2) La déf. 1 s'étend au cas où μ est une mesure complexe sur T. Pour montrer dans ce cas que la prémesure μ_X est une mesure, il suffit de remarquer que $|\mu_K| = |\mu|_K$ pour tout compact K de X (§ 1, n° 2).

D'après la prop. 1, une partie Y de X est μ_X-mesurable (resp. localement μ_X-négligeable) si et seulement si elle est μ-mesurable (resp. localement μ-négligeable). Si Y est μ_X-mesurable, et donc μ-mesurable, les mesures induites $(\mu_X)_Y$ et μ_Y sont évidemment égales en vertu de la prop. 1 (« transitivité des mesures induites »).

Remarque 3). — Soit X une partie μ-mesurable de T. D'après la prop. 10 du § 1, n° 8, appliquée à $g = \varphi_X$ il existe un concassage $(K_\alpha)_{\alpha \in A}$ de T tel que l'on ait $K_\alpha \subset X$ ou $K_\alpha \subset \complement X$ pour tout $\alpha \in A$. Si l'on modifie la topologie de T suivant le procédé du scholie du § 1, n° 8, l'espace X' obtenu en munissant X de la topologie induite par T' est localement compact, et l'on sait associer à μ (resp. à μ_X) une mesure μ' (resp. ν) sur T' (resp. X') qui admet la même intégrale supérieure essentielle que μ (resp. que μ_X) : ceci entraîne $\mu'_X = \nu$. Comme les ensembles localement négligeables, les applications mesurables, les fonctions essentiellement intégrables à valeurs dans les espaces de Banach, sont les mêmes pour μ et μ', pour μ_X et pour μ'_X, la théorie de l'intégration par rapport à une mesure induite se trouve ramenée à celle qui a été traitée au chap. V, 2e éd., § 7, dans le cas particulier des espaces localement compacts. Nous laisserons au lecteur le soin de transcrire les résultats.

2. Mesures définies par des densités numériques

DÉFINITION 2. — *On dit qu'une fonction* **f** *définie dans* T, *à valeurs dans* $\overline{\mathbf{R}}$ *ou dans un* *espace de Banach, est localement* μ*-intégrable si* $\mathbf{f}$ *est* μ*-mesurable, et si tout point* $x \in T$ *admet un voisinage* V *tel que* $\mu^\bullet(|\mathbf{f}|\varphi_V) < +\infty$.

Cette définition coïncide avec celle qui a été donnée au chap. V, 2ᵉ éd., § 5, nº 1, dans le cas où T est localement compact.

Soit f une fonction positive localement μ-intégrable; l'application $K \mapsto f_K . \mu_K$ est une prémesure (chap. V, 2ᵉ éd., § 7, nº 1, cor. 2 du th. 1), que nous noterons $f.\mu$.

Proposition 2. — *Si f est une fonction localement* μ*-intégrable positive, on a, pour toute fonction* $g \in \mathscr{F}_+(T)$, *la relation*

$$(1) \qquad (f.\mu)^\bullet(g) = \mu^\bullet(fg).$$

En effet, on a pour tout ensemble compact K dans T

$$(f.\mu)^\bullet_K(g_K) = (f_K.\mu_K)^\bullet(g_K) = \mu^\bullet_K(f_K g_K) = \mu^\bullet_K((fg)_K),$$

en utilisant la définition de $f.\mu$ et la prop. 3 du chap. V, 2ᵉ éd., § 5, nº 3. La prop. 2 s'en déduit en passant à la borne supérieure sur K.

Soient alors $x \in T$ et V un voisinage de x tel que $\mu^\bullet(f\varphi_V) < +\infty$ (déf. 2); on a alors $(f.\mu)^\bullet(V) = \mu^\bullet(f\varphi_V) < +\infty$, et $f.\mu$ est donc une mesure.

Définition 3. — *Soit f une fonction positive localement* μ*-intégrable. La mesure* $f.\mu$: $K \mapsto f_K.\mu_K$ *est appelée la mesure de densité f par rapport à* μ, *ou la mesure produit de* μ *par la fonction f. Toute mesure de la forme* $f.\mu$, *où f est positive et localement intégrable, est appelée mesure de base* μ.

Remarques. — 1) La définition de $f.\mu$ s'étend au cas où f est une fonction localement intégrable complexe; on a alors $|f.\mu| = |f|.\mu$, ce qui entraîne aussitôt que $f.\mu$ est une mesure, et non une simple prémesure. On conserve l'expression « mesures de base μ » pour désigner les mesures complexes ainsi définies.

2) De même, si θ est une mesure complexe, on dira que f est localement θ-intégrable si elle est localement $|\theta|$-intégrable, et on définira la mesure $f.\theta$: $K \mapsto f_K.\theta_K$. On a $|f.\theta| = |f|.|\theta|$ (chap. V, 2ᵉ éd., § 5, nº 2, prop. 2). Nous laisserons de côté dans ce nº tout ce qui touche aux mesures non positives.

Proposition 3. — *Soit* ν *une mesure sur* T. *Pour que* ν *soit de la forme* $f.\mu$, *où f est une fonction positive localement* μ*-intégrable, il faut et il suffit que tout ensemble compact* μ*-négligeable soit* ν*-négligeable. Si f' est une seconde fonction localement* μ*-intégrable telle que* $\nu = f'.\mu$, *on a* $f = f'$ *localement* μ*-presque partout.*

La condition est évidemment nécessaire (prop. 2). Inversement, supposons que tout ensemble compact μ-négligeable soit ν-négligeable. Introduisons un concassage $(K_\alpha)_{\alpha \in A}$ de T pour la mesure $\mu + \nu$ et posons $N = T - \bigcup_{\alpha \in A} K_\alpha$. Il est clair que $(K_\alpha)_{\alpha \in A}$ est un concassage pour μ et pour ν, et la prop. 9 du § 1, nº 8 entraîne donc les relations suivantes pour tout $g \in \mathscr{F}_+$:

$$\mu^\bullet(g) = \sum_{\alpha \in A} \mu^\bullet_{K_\alpha}(g_{K_\alpha}), \qquad \nu^\bullet(g) = \sum_{\alpha \in A} \nu^\bullet_{K_\alpha}(g_{K_\alpha}).$$

Considérons un compact $C \subset K_\alpha$ qui soit μ_{K_α}-négligeable; alors C est localement μ-négligeable, donc localement ν-négligeable, et enfin ν_{K_α}-négligeable par définition de ν. Il résulte alors du th. de Lebesgue-Nikodym (chap. V, 2e éd., § 5, n° 5, th. 2) que ν_{K_α} admet une densité f_α par rapport à μ_{K_α}. Soit f la fonction qui coïncide avec f_α dans chacun des ensembles K_α, et avec 0 dans N; la fonction f est μ-mesurable (chap. IV, 2e éd., § 5, n° 10, prop. 16), et on a pour toute fonction $g \in \mathscr{F}_+$, d'après les relations ci-dessus, et la prop. 3 du chap. V, 2e éd., § 5, n° 3,

$$\nu^\bullet(g) = \sum_{\alpha\in A} \nu^\bullet_{K_\alpha}(g_{K_\alpha}) = \sum_{\alpha\in A} \mu^\bullet_{K_\alpha}(f_\alpha g_{K_\alpha}) = \sum_{\alpha\in A} \mu^\bullet_{K_\alpha}((fg)_{K_\alpha}) = \mu^\bullet(fg).$$

Il en résulte d'abord que f est localement μ-intégrable: si x est un point de T, et si V est un voisinage de x tel que $\nu^\bullet(V) < +\infty$, on a $\mu^\bullet(f\varphi_V) < +\infty$. Ensuite, la prop. 2 montre que les mesures ν et $f.\mu$ ont même intégrale supérieure essentielle. Elles sont donc égales (§ 1, n° 2, cor. de la prop. 2). L'unicité de f étant évidente à partir du cas des espaces compacts, la proposition est établie.

Remarque 3). — La théorie de l'intégration par rapport à une mesure $\nu = f.\mu$ se ramène aussitôt à la théorie traitée au chap. V. Soit en effet $(K_\alpha)_{\alpha\in A}$ un concassage de T pour μ, donc pour ν, et soit T′ l'espace localement compact défini dans le *scholie* du § 1, n° 8; nous pouvons associer à μ (resp. à ν) une mesure μ' (resp. ν') sur T′, de telle sorte que les fonctions mesurables, les fonctions essentiellement intégrables à valeurs dans un espace de Banach, les intégrales supérieures essentielles des fonctions positives, soient les mêmes pour μ et μ' (resp. pour ν et ν'). La fonction f est donc μ'-mesurable; elle est localement μ'-intégrable, car T′ est localement compact, et un ensemble compact de T′ ne rencontre qu'un nombre fini de compacts K_α $(\alpha \in A)$. La relation $\nu'^\bullet(g) = \nu^\bullet(g) = \mu^\bullet(fg) = \mu'^\bullet(fg)$ prouve enfin que $\nu' = f.\mu'$ (chap. V, 2e éd., § 5, n° 3, prop. 3). Nous laissons au lecteur le soin de transcrire les résultats du chap. V, 2e éd., § 5.

3. Image d'une mesure

DÉFINITION 4. — *Soit π une application de* T *dans un espace topologique* X. *On dit que π est μ-propre si π est μ-mesurable, et si tout point x de* X *admet un voisinage* V *tel que* $\mu^\bullet(\pi^{-1}(V)) < +\infty$.

Remarques. — 1) Lorsque T et X sont localement compacts, cette définition est équivalente à celle du chap. V, 2e éd., § 6, n° 1.

2) Une application continue propre (*Top. gén.*, 4e éd., chap. I, § 10, n° 1, déf. 1) de T dans X est μ-propre pour toute mesure μ. En effet, soit $x \in X$; comme $\pi^{-1}(x)$ est compact (*loc. cit.*, n° 2, th. 1), l'ensemble $\pi^{-1}(x)$ possède un voisinage ouvert H tel que $\mu^\bullet(H) < +\infty$. Posons $V = X - \pi(T - H)$; comme π est fermée, V est ouvert dans X, contient x, et on a $\pi^{-1}(V) \subset H$ d'où $\mu^\bullet(\pi^{-1}(V)) \leqslant \mu^\bullet(H) < +\infty$.

3) Si μ est bornée, toute application μ-mesurable de T dans X est μ-propre.

4) Si θ est une mesure complexe sur T, on dira que π est θ-propre si π est propre pour la mesure positive $|\theta|$.

PROPOSITION 4. — *Soit* π *une application* μ*-propre de* T *dans un espace topologique* X. *Il existe sur* X *une mesure* ν *et une seule telle que* $\nu^\bullet$ *soit égal à l'encombrement image* $\pi(\mu^\bullet)$ (§ 1, n° 1), *autrement dit, telle que* $\nu^\bullet(g) = \mu^\bullet(g \circ \pi)$ *pour tout* $g \in \mathscr{F}_+(X)$.

L'unicité est évidente (§ 1, n° 2, cor. de la prop. 2). Pour établir l'existence, nous traiterons d'abord le cas où μ est portée par un ensemble compact K, tel que la restriction de π à K soit continue. Alors $L = \pi(K)$ est compact; soit π' l'application continue de K dans L induite par π, et soient ν' la mesure image $\pi'(\mu_K)$ sur L, ν la mesure sur X définie par ν' (§ 1, n° 3, *Exemple* 2). On a, pour tout $g \in \mathscr{F}_+(X)$,

$$\nu^\bullet(g) = \nu'^\bullet(g_L) = \mu_K^\bullet(g_L \circ \pi') = \mu_K^\bullet((g \circ \pi)_K) = \mu^\bullet((g \circ \pi)_K^\circ) = \mu^\bullet(g \circ \pi)$$

(on a utilisé successivement la formule (3) du § 1, n° 3, la prop. 2 du chap. V, 2e éd., § 6, n° 2, la définition de $\mu_K^\bullet$, et le fait que μ est portée par K). Autrement dit, on a $\nu^\bullet = \pi(\mu^\bullet)$.

Passons maintenant au cas général; d'après les prop. 10 et 9 du § 1, n° 8, μ est somme d'une famille sommable $(\mu_\alpha)_{\alpha \in A}$ de mesures à support compact, telles que la restriction de π au support K_α de μ_α soit continue pour tout $\alpha \in A$. Le cas particulier traité plus haut permet d'associer à chaque mesure μ_α sur T une mesure ν_α sur X telle que $\nu_\alpha^\bullet = \pi(\mu_\alpha^\bullet)$. On a alors, pour $g \in \mathscr{F}_+(X)$,

$$\sum_{\alpha \in A} \nu_\alpha^\bullet(g) = \sum_{\alpha \in A} \mu_\alpha^\bullet(g \circ \pi) = \mu^\bullet(g \circ \pi).$$

L'encombrement $\pi(\mu^\bullet)$ est localement borné, puisque π est μ-propre; la famille $(\nu_\alpha)_{\alpha \in A}$ est donc sommable (§ 1, n° 7, prop. 7), et sa somme ν satisfait à l'énoncé.

DÉFINITION 5. — *Si* π *est une application* μ*-propre de* T *dans un espace topologique* X, *l'unique mesure* ν *sur* X *telle que* $\nu^\bullet(g) = \mu^\bullet(g \circ \pi)$ *pour tout* $g \in \mathscr{F}_+(X)$ *est appelée la mesure image de* μ *par* π, *et notée* $\pi(\mu)$.

Exemple. — Soient K un sous-espace compact de T, i l'injection canonique de K dans T, λ une mesure sur K; i étant continue, et λ étant bornée, i est λ-propre. La formule (3) du § 1, n° 3 montre que la « mesure sur T définie par λ » est la mesure image $i(\lambda)$.

Remarque 5). — Si θ est une mesure réelle, et si π est θ-propre, π est propre pour les mesures θ^+ et θ^-; on posera alors $\pi(\theta) = \pi(\theta^+) - \pi(\theta^-)$. Si θ est une mesure complexe, et si π est θ-propre, elle est propre pour les mesures réelles $\mathscr{R}(\theta)$ et $\mathscr{I}(\theta)$; on posera alors

$$\pi(\theta) = \pi(\mathscr{R}(\theta)) + i\pi(\mathscr{I}(\theta)).$$

PROPOSITION 5. — *Soit* π *une application* μ*-propre de* T *dans un espace topologique* X, *et soit* f *une application de* X *dans un espace topologique* F (*séparé ou non*). *Pour que* f *soit* $\pi(\mu)$*-mesurable, il faut et il suffit que* $f \circ \pi$ *soit* μ*-mesurable.*

Reprenons la démonstration de la prop. 4, et commençons par le cas particulier traité au début, avec les mêmes notations; g est mesurable pour la mesure $\pi(\mu) = \nu$ si et seulement si g_L est ν'-mesurable (§ 1, n° 5, *Exemple*); or cela équivaut à dire que $g_L \circ \pi' = (g \circ \pi)_K$ est μ_K-mesurable (chap. V, 2e éd., § 6, n° 2, prop. 3), et finalement que $g \circ \pi$ est μ-mesurable (§ 1, n° 5, *Exemple*). Passons ensuite au cas général, avec les mêmes notations que dans la démonstration de la prop. 4; f est ν-mesurable si et seulement si f est ν_α-mesurable pour tout $\alpha \in A$ (§ 1, n° 7, prop. 8), donc si et seulement si $f \circ \pi$ est μ_α-mesurable pour tout $\alpha \in A$ (cas particulier précédent) et enfin si et seulement si $f \circ \pi$ est μ-mesurable (§ 1, n° 7, prop. 8).

COROLLAIRE. — *Soient* X *et* Y *deux espaces topologiques,* π *une application* μ*-propre de* T *dans* X, π' *une application* $\pi(\mu)$*-propre de* X *dans* Y. *L'application* $\pi'' = \pi' \circ \pi$ *est alors* μ*-propre et* $\pi''(\mu) = \pi'(\pi(\mu))$ (« transitivité des images de mesures »).

En effet, π'' est μ-mesurable (prop. 5). Posons $\mu' = \pi(\mu)$; l'encombrement image $\pi'(\mu'^\bullet) = \pi'(\pi(\mu^\bullet))$ est évidemment égal à $\pi''(\mu^\bullet)$. Comme il est localement borné, π'' est μ-propre. Les mesures $\pi''(\mu)$ et $\pi'(\mu')$ ont alors même intégrale supérieure essentielle, et sont donc égales.

PROPOSITION 6. — *Soit* π *une application* μ*-propre de* T *dans un espace topologique* X, *et soit* B *une partie* $\pi(\mu)$*-mesurable de* X. *Posons* $A = \pi^{-1}(B)$, *et désignons par* π' *l'application de* A *dans* B *qui coïncide avec* π *dans* A. *L'ensemble* A *est alors* μ*-mesurable,* π_A *et* π' *sont* μ_A*-propres, et on a*

$$(\pi(\mu))_B = (\pi_A(\mu_A))_B = \pi'(\mu_A). \tag{2}$$

L'ensemble A est μ-mesurable d'après la prop. 5 appliquée à φ_B; l'application π_A est évidemment μ_A-mesurable d'après la définition des mesures induites (n° 1), et il en résulte que π' est mesurable. Soit f un élément de $\mathscr{F}_+(B)$; en désignant par des exposants zéros les prolongements par 0 dans X et dans T, on a

$$(\pi(\mu)_B)^\bullet(f) = \pi(\mu)^\bullet(f^0) = \mu^\bullet(f^0 \circ \pi) = \mu^\bullet((f \circ \pi')^0) = \mu_A^\bullet(f \circ \pi'),$$

d'où $(\pi(\mu)_B)^\bullet = \pi'(\mu_A^\bullet)$. Comme l'encombrement $(\pi(\mu)_B)^\bullet$ est localement borné, il en est de même de $\pi'(\mu_A^\bullet)$ et π' est donc μ_A-propre. Les mesures $\pi'(\mu_A)$ et $(\pi(\mu))_B$ ont même intégrale supérieure essentielle, et sont donc égales. L'autre relation s'établit de manière analogue.

PROPOSITION 7. — *Soit* T *un sous-espace d'un espace topologique* X, *et soit* i *l'injection de* T *dans* X.

a) Si μ *est une mesure sur* T, *et si* i *est* μ*-propre, la mesure* $i(\mu)$ *est concentrée sur* T, *et on a* $(i(\mu))_T = \mu$.

b) Si λ *est une mesure sur* X, *telle que* T *soit* λ*-mesurable,* i *est* λ_T*-propre, et on a* $i(\lambda_T) = \varphi_T . \lambda$.

a) Posons $\nu = i(\mu)$; la relation $\nu^\bullet(A) = \mu^\bullet(A \cap T)$, appliquée à $A = X - T$, montre que ν est concentrée sur T. La relation $\nu_T = \mu$ est un cas particulier de la relation (2), en prenant $B = T = A$.

b) Soit f une fonction positive définie dans X; si l'on pose $\mu = \lambda_T$, on a $\mu^\bullet(f \circ i) = \lambda_T^\bullet(f_T) = \lambda^\bullet(f\varphi_T) \leqslant \lambda^\bullet(f)$ (prop. 1); il en résulte que i est μ-propre. D'autre part, $\mu^\bullet(f \circ i)$ (resp. $\lambda^\bullet(f\varphi_T)$) est l'intégrale supérieure essentielle de f par rapport à $i(\mu)$ (resp. $\varphi_T . \lambda$). Ces deux mesures sont donc égales.

Remarque 6). — Soit π une application μ-propre de T dans un espace topologique X. On ramène la théorie de l'intégration par rapport à la mesure image $\nu = \pi(\mu)$ à la théorie traitée au chap. V, 2e éd., § 6, de la manière suivante. Soit $(K_\alpha)_{\alpha \in A}$ (resp. $(L_\beta)_{\beta \in B}$) un concassage de T (resp. de X) pour μ (resp. pour ν), et posons $N = T - \bigcup_{\alpha \in A} K_\alpha$, $P = X - \bigcup_{\beta \in B} L_\beta$. Nous pouvons supposer que la restriction de π à chacun des K_α est continue (§ 1, n° 8, prop. 10). Soient T', X' les espaces localement compacts construits comme dans le scholie du § 1, n° 8 et soient μ' et ν' les mesures sur ces espaces associées à μ et ν. La topologie de T' étant somme des topologies des sous-espaces K_α et de la topologie discrète sur N, π est une application continue de T' dans X et la relation $\mu'^\bullet(g \circ \pi) = \mu^\bullet(g \circ \pi) = \nu^\bullet(g)$ (pour $g \in \mathscr{F}_+(X)$) montre que π est μ'-propre et que $\pi(\mu') = \nu$. D'autre part, l'application identique i de X sur X' est ν-propre, et on a $i(\nu) = \nu'$. Il en résulte que π est une application μ'-propre de T' dans X', et que l'image de μ' par π est ν' (cor. de la prop. 5). Nous laissons au lecteur le soin de transcrire les résultats du chap. V, 2e éd., § 6.

4. Relèvement de mesures

PROPOSITION 8. — *Soient* T *et* X *deux espaces topologiques,* π *une application de* T *dans* X.

a) *Soit* ν *une mesure bornée sur* X. *Pour qu'il existe sur* T *une mesure* μ, *telle que* π *soit* μ-*propre et que* $\pi(\mu) = \nu$, *il faut et il suffit qu'il existe, pour tout nombre* $\varepsilon > 0$, *un ensemble compact* $K_\varepsilon \subset T$ *tel que la restriction de* π *à* K_ε *soit continue et que* $\nu^\bullet(X - \pi(K_\varepsilon)) < \varepsilon$.

b) *Supposons que* π *soit injective; soient* μ *et* μ' *deux mesures sur* T, *telles que* π *soit propre pour* μ *et* μ', *et que* $\pi(\mu) = \pi(\mu')$. *On a alors* $\mu = \mu'$.

La condition énoncée en *a*) est nécessaire. En effet, si π est μ-propre et $\pi(\mu) = \nu$, la relation $\mu^\bullet(1) = \nu^\bullet(1) < +\infty$ entraîne que μ est bornée. La prop. 2 du § 1, n° 2, appliquée à la fonction 1, entraîne l'existence d'une partie compacte K de T telle que $\mu^\bullet(T - K) < \varepsilon/2$. Comme π est μ-mesurable, il existe un ensemble compact $K_\varepsilon \subset K$ tel que la restriction de π à K_ε soit continue, et que $\mu^\bullet(K - K_\varepsilon) < \varepsilon/2$. On a alors (n° 3, prop. 4)

$$\nu^\bullet(X - \pi(K_\varepsilon)) = \mu^\bullet(T - \pi^{-1}(\pi(K_\varepsilon))) < \varepsilon.$$

Pour montrer que la condition est suffisante, nous traiterons d'abord un cas particulier.

Lemme 1. — *Soient* U *et* V *deux espaces compacts, h une application continue de* U *sur* V. *L'application* $\lambda \mapsto h(\lambda)$ *de* $\mathscr{M}_+(\mathrm{U})$ *dans* $\mathscr{M}_+(\mathrm{V})$ *est alors surjective.*

En effet, soit a l'application linéaire $f \mapsto f \circ h$ de $\mathscr{C}(\mathrm{V})$ dans $\mathscr{C}(\mathrm{U})$; comme h est surjective, a est une isométrie de $\mathscr{C}(\mathrm{V})$ sur un sous-espace H de $\mathscr{C}(\mathrm{U})$. Soit θ une mesure positive sur V; alors $\theta \circ a^{-1}$ est une forme linéaire continue sur H, qui est prolongeable en une forme linéaire η sur $\mathscr{C}(\mathrm{U})$ de même norme, en vertu du th. de Hahn-Banach (*Esp. vect. top.*, chap. II, 2e éd., § 3, n° 2, cor. 1 du th. 1); η est alors une mesure sur U, et on a $\theta(f) = \eta(f \circ h)$ pour tout $f \in \mathscr{C}(\mathrm{V})$, de sorte que $\theta = h(\eta)$. Enfin on a $\theta(1) = \|\theta\| = \|\eta\|$, et $\theta(1) = \eta(1)$, de sorte que η est positive (chap. V, 2e éd., § 5, n° 5, prop. 9).

Démontrons alors la suffisance de la condition énoncée dans *a*). Cette condition entraîne l'existence d'une suite $(\mathrm{K}_n)_{n \geqslant 1}$ de parties compactes de T, telle que la restriction de π à chacun des K_n soit continue, et qu'on ait, pour tout n, $\nu^\bullet(\mathrm{X} - \pi(\mathrm{K}_n)) < 1/n$. La suite (K_n) peut-être supposée croissante. Posons $\mathrm{L}_n = \pi(\mathrm{K}_n)$ et désignons par ν'_n la mesure $\varphi_{\mathrm{L}_n - \mathrm{L}_{n-1}} . \nu_{\mathrm{L}_n}$ sur L_n, en convenant que $\mathrm{L}_0 = \varnothing$.

La restriction π_{K_n} étant continue, il existe une mesure μ'_n sur K_n telle que $\pi_{\mathrm{K}_n}(\mu'_n) = \nu'_n$ (lemme 1). Soit μ_n l'image de μ'_n par l'injection canonique de K_n dans T, et soit g un élément de $\mathscr{F}_+(\mathrm{X})$. En utilisant successivement le fait que ν est concentrée sur $\bigcup_n \mathrm{L}_n$, la prop. 4 du § 1, n° 5, la prop. 2 du § 1, n° 2, la prop. 4 du n° 3 et enfin la prop. 7 du n° 3, il vient

$$\begin{aligned}\nu^\bullet(g) &= \sum_n \nu^\bullet(\varphi_{\mathrm{L}_n - \mathrm{L}_{n-1}} g) = \sum_n \nu'^\bullet_n(g_{\mathrm{L}_n}) = \sum_n \mu'^\bullet_n(g_{\mathrm{L}_n} \circ \pi_{\mathrm{K}_n}) \\ &= \sum_n \mu'^\bullet_n((g \circ \pi)_{\mathrm{K}_n}) = \sum_n \mu^\bullet_n(g \circ \pi).\end{aligned}$$

En prenant $g = 1$ dans cette formule, on voit que la famille (μ_n) est sommable et que sa somme est une mesure bornée μ (§ 1, n° 7, prop. 7). D'après la prop. 5 du n° 3, l'application π est μ_n-mesurable pour tout n, car π_{K_n} est continue, donc μ'_n-mesurable; il en résulte que π est μ-mesurable (§ 1, n° 7, prop. 8), donc μ-propre puisque μ est bornée. Les relations ci-dessus prouvent alors que les mesures $\pi(\mu)$ et ν ont même intégrale supérieure essentielle, et sont donc égales (§ 1, n° 2, cor. de la prop. 2).

Supposons enfin que π soit injective, et démontrons *b*). Soit f un élément de $\mathscr{F}_+(\mathrm{T})$; comme π est injective, il existe une fonction $g \in \mathscr{F}_+(\mathrm{X})$ telle que $f = g \circ \pi$, et on a, d'après la prop. 4 du n° 3, en posant $\nu = \pi(\mu) = \pi(\mu')$,

$$\mu^\bullet(f) = \mu^\bullet(g \circ \pi) = \nu^\bullet(g) = \mu'^\bullet(g \circ \pi) = \mu'^\bullet(f).$$

Les deux mesures μ et μ' ont donc même intégrale supérieure essentielle, ce qui entraîne leur égalité (§ 1, n° 2, cor. de la prop. 2).

Remarque. — Supposons que π soit injective. Soit θ une mesure complexe telle que π soit θ-propre, et que $\pi(\theta) = 0$; on a alors $\theta = 0$. En effet, on se ramène, en séparant les parties réelles et imaginaires, au cas où θ est réelle. On a alors $\pi(\theta^+) = \pi(\theta^-)$, donc $\theta^+ = \theta^-$ (prop. 8) et finalement $\theta = 0$.

Voici un cas important où la condition *a*) de la prop. 8 est toujours vérifiée.

PROPOSITION 9. — *Soient* T *un espace souslinien* (*Top. gén.*, chap. IX, 3ᵉ éd., § 6, nº 2, *déf.* 2), X *un espace séparé,* π *une application continue de* T *sur* X, *et* ν *une mesure bornée sur* X. *Il existe alors une mesure bornée* μ *sur* T *telle que* $\pi(\mu) = \nu$.

Les hypothèses entraînent évidemment que X est souslinien.

Considérons la fonction d'ensemble $c\colon A \mapsto \nu^\bullet(\pi(A))$ sur $\mathfrak{P}(T)$. La relation $A \subset B$ entraîne $c(A) \leqslant c(B)$; si (A_n) est une suite croissante de parties de T, et si $A = \bigcup_{n \in \mathbf{N}} A_n$, on a $c(A) = \sup_n c(A_n)$ du fait que $\nu^\bullet$ est un encombrement. Enfin, soient $A \subset T$, et ε un nombre > 0; choisissons un ouvert G de X contenant $\pi(A)$, et tel que $\nu^\bullet(G) \leqslant \nu^\bullet(\pi(A)) + \varepsilon$ (§ 1, nº 9, prop. 13) ; l'ouvert $H = \pi^{-1}(G)$ de T contient A, et on a $c(H) \leqslant c(A) + \varepsilon$. La fonction c est donc une capacité continue à droite sur T (*Top. gén.*, chap. IX, 3ᵉ éd., § 6, nº 9, déf. 9) et le théorème de capacitabilité (*loc. cit.*, th. 5) entraîne l'égalité $c(T) = \sup_K c(K)$, K parcourant l'ensemble des parties compactes de T. La proposition 8 entraîne alors l'existence de la mesure μ cherchée.

5. Produit de deux mesures

Soient S et T deux espaces topologiques, munis respectivement de deux prémesures (positives) λ et μ, et soit X l'espace produit $S \times T$. Soit K une partie compacte de X; désignons par A et B les projections de K sur S et T respectivement, et posons

$$\nu_K = (\lambda_A \otimes \mu_B)_K. \tag{3}$$

Nous définissons ainsi une prémesure sur X. En effet, soit L une partie compacte de X contenant K, et soient C et D ses deux projections ; on a $A \subset C$, $B \subset D$, et par conséquent, en utilisant la transitivité des mesures induites et la prop. 12 du chap. V, 2ᵉ édit., § 8, nº 5

$$(\nu_L)_K = ((\lambda_C \otimes \mu_D)_L)_K = (\lambda_C \otimes \mu_D)_K = ((\lambda_C \otimes \mu_D)_{A \times B})_K = (\lambda_A \otimes \mu_B)_K = \nu_K.$$

DÉFINITION 6. — *La prémesure* ν *définie par* (3) *est appelée la prémesure produit de* λ *et* μ, *et notée* $\lambda \otimes \mu$.

Cette définition s'étend évidemment au cas où λ et μ sont des prémesures complexes, et on a alors $|\lambda \otimes \mu| = |\lambda| \otimes |\mu|$ (chap. III, 2ᵉ éd., § 4, nº 2, prop. 3 et chap. IV, 2ᵉ éd., § 5, nº 7, lemme 3).

Nous conserverons les notations du chap. III, 2ᵉ éd., § 4 et du chap. V, 2ᵉ éd., § 8, relatives aux produits de mesures et aux intégrales itérées. En particulier, si f et g sont deux fonctions définies respectivement dans S et dans T, à valeurs dans $\overline{\mathbf{R}}_+$ ou dans $\mathbf{C}$, la fonction $(s, t) \mapsto f(s)g(t)$ sur $S \times T$ sera notée $f \otimes g$.

PROPOSITION 10. — *Soit* ν *la prémesure produit de* λ *et* μ; *on a, pour toute fonction* $f \in \mathscr{F}_+(S)$ *et toute fonction* $g \in \mathscr{F}_+(T)$,

$$\nu^\bullet(f \otimes g) = \lambda^\bullet(f)\mu^\bullet(g). \tag{4}$$

La prémesure ν *est la seule prémesure sur* $S \times T$ *qui satisfasse à* (4).

Nous avons en effet, lorsque K (resp. L) parcourt l'ensemble des parties compactes de S (resp. de T)

$$\begin{aligned}\nu^\bullet(f \otimes g) &= \sup_{K,L} \nu^\bullet_{K\times L}((f \otimes g)_{K\times L}) = \sup_{K,L} (\lambda_K \otimes \mu_L)^\bullet(f_K \otimes g_L) \\ &= \sup_{K,L} \lambda^\bullet_K(f_K) . \mu^\bullet_L(g_L) = (\sup_K \lambda^\bullet_K(f_K))(\sup_L \mu^\bullet_L(g_L)) \\ &= \lambda^\bullet(f)\mu^\bullet(g),\end{aligned}$$

d'après la prop. 8 du chap. V, § 8, n° 3.

Soit η une seconde prémesure sur $S \times T$ satisfaisant à (4), et soient K et L deux parties compactes de S et T respectivement, f et g deux éléments de $\mathscr{F}_+(K)$ et de $\mathscr{F}_+(L)$ respectivement. On a la relation $(f \otimes g)^0 = f^0 \otimes g^0$ entre les prolongements par 0, et donc (§ 1, n° 2, prop. 2)

$$\eta^\bullet_{K\times L}(f \otimes g) = \eta^\bullet((f \otimes g)^0) = \eta^\bullet(f^0 \otimes g^0) = \lambda^\bullet(f^0)\mu^\bullet(g^0) = \lambda^\bullet_K(f)\mu^\bullet_L(g).$$

En particulier, si l'on prend $f \in \mathscr{K}_+(K)$, $g \in \mathscr{K}_+(L)$, on voit que $\eta_{K\times L}$ possède la propriété caractéristique de la mesure produit $\lambda_K \otimes \mu_L$ (chap. III, 2e éd., § 4, n° 1, th. 1). On a donc $\eta_{K\times L} = \nu_{K\times L}$; comme toute partie compacte de $S \times T$ est contenue dans un ensemble de la forme $K \times L$, la transitivité des mesures induites entraîne que $\eta = \nu$.

COROLLAIRE 1. — *Si* λ *et* μ *sont des mesures,* ν *est une mesure.*

En effet, soit $x = (s, t)$ un point de X, et soient U et V deux voisinages de s, t respectivement, tels que $\lambda^\bullet(U) < +\infty$, $\mu^\bullet(V) < +\infty$; l'ensemble $U \times V$ est un voisinage de x, et on a $\nu^\bullet(U \times V) = \lambda^\bullet(U)\mu^\bullet(V) < +\infty$ d'après (4); l'encombrement $\nu^\bullet$ est donc localement borné, et la prémesure ν est une mesure.

Ce resultat s'étend aussitôt aux mesures complexes.

COROLLAIRE 2. — *Si* A *est une partie de* S *localement négligeable pour* λ, $A \times T$ *est localement* ν*-négligeable.*

COROLLAIRE 3. — *Supposons que* λ *(resp.* μ*) soit somme d'une famille sommable* $(\lambda_\alpha)_{\alpha\in A}$ *(resp.* $(\mu_\beta)_{\beta\in B}$*) de mesures sur* S *(resp.* T*). La famille* $(\lambda_\alpha \otimes \mu_\beta)_{(\alpha,\beta)\in A\times B}$ *est alors sommable, et sa somme est* $\lambda \otimes \mu$.

En effet, soit p l'encombrement $\sum_{\alpha,\beta} (\lambda_\alpha \otimes \mu_\beta)^\bullet$; si $f \in \mathscr{F}_+(S)$, $g \in \mathscr{F}_+(T)$, on a évidemment $p(f \otimes g) = \lambda^{\bullet}(f)\mu^{\bullet}(g)$. La démonstration du cor. 1 montre alors que p est localement borné, de sorte que la famille $(\lambda_\alpha \otimes \mu_\beta)$ est sommable (§ 1, n° 7, prop. 7). Sa somme η est alors telle que $\eta^{\bullet} = p$ (§ 1, n° 7, prop. 7), et la prop. 10 entraîne $\eta = \nu$.

6. Intégration par rapport au produit de deux mesures

Dans tout ce n°, λ et μ désignent deux mesures sur S *et* T *respectivement, et ν désigne la mesure produit $\lambda \otimes \mu$ sur* S × T. *En outre, si f est une fonction positive sur* S × T, *on notera f_s la fonction $t \mapsto f(s, t)$ sur* T *pour tout $s \in$* S, *et on notera I_f la fonction $s \mapsto \mu^{\bullet}(f_s)$ sur* S.

Lemme 2. — *Soit f une fonction positive ν-mesurable sur* S × T; *pour toute partie compacte* L *de* T, *soit I_f^L la fonction $s \mapsto \mu^{\bullet}(f_s\varphi_L)$ sur* S. *La fonction I_f^L est alors λ-mesurable et on a :*

$$I_f = \sup_L I_f^L \tag{5}$$

$$\nu^{\bullet}(f) = \sup_L \lambda^{\bullet}(I_f^L), \tag{6}$$

L *parcourant l'ensemble des parties compactes de* T.

Notons d'abord que l'inclusion $L \subset L'$ entraîne $I_f^L \leqslant I_f^{L'}$; on a d'autre part $I_f^L(s) = \mu_L^{\bullet}((f_s)_L)$ pour tout $s \in S$. La formule (5) est donc une conséquence immédiate de la définition de l'encombrement $\mu^{\bullet}$ donnée au § 1, n° 2. Si K est une partie compacte de S et L une partie compacte de T, on a $\nu_{K\times L} = \lambda_K \otimes \mu_L$ par construction, et la prop. 7 du chap. V, 2ᵉ éd., § 8, n° 3 entraîne la relation

$$\nu^{\bullet}(f\varphi_{K\times L}) = \lambda_K^{\bullet}(I_f^L). \tag{7}$$

Par ailleurs, toute partie compacte de S × T est contenue dans un ensemble compact de la forme K × L; passant à l'enveloppe supérieure sur K et L dans la formule précédente, on obtient donc

$$\nu^{\bullet}(f) = \sup_L \sup_K \lambda_K^{\bullet}(I_f^L) = \sup_L \lambda^{\bullet}(I_f^L), \tag{8}$$

c'est-à-dire (6).

Enfin, la prop. 7 du chap. V, 2ᵉ éd., § 8, n° 3, entraîne que la restriction de I_f^L à tout compact K de T est λ_K-mesurable; cela équivaut à dire que I_f^L est λ-mesurable.

PROPOSITION 11. — *Soit f une fonction semi-continue inférieurement $\geqslant 0$ définie dans* X = S × T.

a) La fonction f_s: $t \mapsto f(s, t)$ est semi-continue inférieurement dans T *pour tout $s \in$* S.

b) La fonction I_f: $s \mapsto \int^{\bullet} f(s, t)\, d\mu(t)$ est semi-continue inférieurement dans S, *et l'on a :*

$$\iint_X^{\bullet} f(s, t)\, d\nu(s, t) = \int_S^{\bullet} d\lambda(s) \int_T^{\bullet} f(s, t)\, d\mu(t). \tag{9}$$

La propriété *a*) est évidente, car l'application $t \mapsto f(s, t)$ de T dans $\overline{\mathbf{R}}$ est composée de f et de l'application continue $t \mapsto (s, t)$ de T dans X. Pour établir *b*), nous utiliserons un lemme:

Lemme 3. — *Soient* X *un espace topologique (séparé ou non), f une fonction semi-continue inférieurement* $\geqslant 0$ *définie dans* X; *alors f est limite d'une suite croissante* $(f_n)_{n \in \mathbf{N}}$ *de fonctions semi-continues inférieurement dans* X, *telle que chaque fonction* f_n *soit une combinaison linéaire, à coefficients positifs, de fonctions caractéristiques d'ensembles ouverts.*

Etant donnés deux entiers $k \geqslant 1$ et $n \geqslant 1$, notons J_{kn} la fonction caractéristique de l'intervalle $]k/2^n, +\infty]$ de $\overline{\mathbf{R}}$. Pour tout $x \in \overline{\mathbf{R}}_+$, posons $u_n(x) = 2^{-n} \sum_{k=1}^{n.2^n} J_{kn}(x)$; il est immédiat que la suite $(u_n(x))_{n \geqslant 1}$ est croissante et admet x pour limite. La suite des fonctions $f_n = u_n \circ f$ est donc croissante et converge vers f, et on a $f_n = 2^{-n} \sum_{k=1}^{n.2^n} \varphi_{U(k,n)}$ où $U(k, n)$ est l'ensemble ouvert $f^{-1}(]k/2^n, +\infty])$ de X.

Passons à la démonstration de *b*). La fonction I_f étant l'enveloppe supérieure de la famille filtrante croissante des fonctions I_f^L, où L parcourt l'ensemble des parties compactes de T (lemme 2), il nous suffit de montrer que les fonctions I_f^L sont semi-continues inférieurement; la formule (9) se déduit alors de (6) en passant à l'enveloppe supérieure sur L (§ 1, n° 6, prop. 5).

Soit donc $\mathscr{H}$ l'ensemble des fonctions semi-continues inférieurement positives f sur S × T telles que I_f^L soit semi-continue inférieurement pour tout compact L de T. D'après la prop. 5 du § 1, n° 6, la borne supérieure de tout ensemble filtrant croissant d'éléments de $\mathscr{H}$ appartient à $\mathscr{H}$. D'après le lemme 3, il nous suffit donc de prouver que la fonction caractéristique d'un ouvert W de S × T appartient à $\mathscr{H}$. De plus, d'après la définition de la topologie produit sur S × T, l'ouvert W est réunion d'une famille filtrante croissante $(W_\alpha)_{\alpha \in A}$ d'ouverts de la forme

$$W = \bigcup_{1 \leqslant i \leqslant n} (U_i \times V_i)$$

où les U_i sont ouverts dans S et les V_i ouverts dans T; d'après les remarques faites plus haut, il nous suffit de montrer que la fonction caractéristique d'un tel ouvert appartient à $\mathscr{H}$. Soient alors $s \in S$, et U l'intersection de la famille (éventuellement vide) formée des ouverts U_i contenant s; on voit immédiatement que $\varphi_W(s, t) \leqslant \varphi_W(s', t)$ pour tout $s' \in U$ et tout $t \in T$, d'où par intégration $I_{\varphi_W}^L(s) \leqslant I_{\varphi_W}^L(s')$ pour tout $s' \in U$. Par conséquent $I_{\varphi_W}^L$ est semi-continue inférieurement, et la proposition est établie.

Corollaire 1. — *Soit f une fonction numérique positive définie dans* $X = S \times T$; *on a*

$$\int\int_X^* f(s, t)\, d\nu(s, t) \geqslant \int_S^* d\lambda(s) \int_T^* f(s, t)\, d\mu(t). \tag{10}$$

Soit en effet g une fonction semi-continue inférieurement sur X majorant f; on a, d'après la prop. 11,

$$\iint^* g(s,t)\,d\nu(s,t) = \iint^\bullet g(s,t)\,d\nu(s,t) = \int^\bullet d\lambda(s)\int^\bullet g(s,t)\,d\mu(t)$$
$$= \int^* d\lambda(s)\int^* g(s,t)\,d\mu(t) \geqslant \int^* d\lambda(s)\int^* f(s,t)\,d\mu(t).$$

L'inégalité (10) s'obtient en passant à l'enveloppe inférieure sur g.

Corollaire 2. — *Soit f une fonction numérique définie dans* S × T *et ν-négligeable. La fonction f_s : $t \mapsto f(s,t)$ est alors μ-négligeable pour λ-presque tout $s \in$ S.*

Proposition 12. — *Soit f une fonction positive ν-mesurable définie dans* X = S × T. *Supposons que f soit ν-modérée* (resp. *que μ soit modérée*). *Alors*

a) L'ensemble N *des $s \in$ S tels que la fonction f_s : $t \mapsto f(s,t)$ ne soit pas μ-mesurable est négligeable* (resp. *localement négligeable*) *pour* λ.

b) L'application $s \mapsto \int^\bullet f(s,t)\,d\mu(t)$ est λ-mesurable, et on a

$$\iint_X^\bullet f(s,t)\,d\nu(s,t) = \int_S^\bullet d\lambda(s)\int_T^\bullet f(s,t)\,d\mu(t). \tag{11}$$

Nous commencerons par établir *b*) lorsque f est ν-modérée. D'après le lemme 2, cette partie de l'énoncé est valable lorsqu'il existe une partie compacte L de T telle que f soit nulle en dehors de S × L; on a en effet dans ce cas $I_f = I_f^{L'}$ pour tout compact L′ de T contenant L, et la formule (11) se réduit à (6). En particulier, *b*) est établie pour une fonction f nulle hors d'un compact de S × T. D'autre part, le corollaire 1 de la prop. 11 entraîne que *b*) est vraie lorsque f est ν-négligeable. Comme toute fonction ν-modérée est somme d'une fonction ν-négligeable et d'une suite de fonctions à support compact (§ 1, nº 9, cor. 3 de la prop. 14), l'assertion *b*) est vraie lorsque f est ν-modérée.

De même, l'assertion *b*) est évidente lorsque μ est portée par une partie compacte L de T (lemme 2). Supposons que μ soit modérée; il existe alors une suite $(\mu_n)_{n\in\mathbf{N}}$ de mesures à support compact sur T, telle que $\mu = \sum_n \mu_n$ (§ 1, nº 9, cor. 5 de la prop. 14), d'où $\nu = \sum_n \lambda \otimes \mu_n$ (nº 5, cor. 3 de la prop. 10). L'assertion *b*), étant valable pour chacune des mesures $\nu_n = \lambda \otimes \mu_n$, est aussi valable pour $\nu = \sum_n \nu_n$.

Démontrons *a*); notons N l'ensemble des $s \in$ S tels que f_s ne soit pas μ-mesurable; pour toute partie compacte L de T, notons de même N_L l'ensemble des $s \in$ S tels que $f_s\varphi_L$ ne soit pas μ-mesurable. Si K et L sont des ensembles compacts dans S et T respectivement, $f_{K\times L}$ est mesurable par rapport à la mesure $\nu_{K\times L} = \lambda_K \otimes \mu_L$, et la prop. 2 du chap. V, 2ᵉ éd., § 8, nº 2 montre que *l'ensemble* N_L *est localement négligeable pour* λ_K; comme K est arbitraire, N_L est localement λ-négligeable.

Supposons que f soit nulle hors d'un ensemble compact de la forme $K \times L$; alors $N = N_L$, et N est contenu dans K; il en résulte que N est λ-négligeable. De même, si f est ν-négligeable, le corollaire 2 de la prop. 11 entraîne que N est λ-négligeable. Le cas où f est ν-modérée se traite alors comme ci-dessus, en combinant les deux cas précédents.

Supposons que μ soit portée par une partie compacte L de T; alors, on a encore $N = N_L$, et N est donc localement λ-négligeable. Toute mesure modérée étant somme d'une suite de mesures à support compact (§ 1, n° 9, cor. 5 de la prop. 14), ce résultat s'étend aussitôt au cas où μ est modérée en utilisant la prop. 8 du § 1, n° 7.

Remarque. — Soient $(K_\alpha)_{\alpha \in A}$ un concassage de S pour λ et $M = S - \bigcup_{\alpha \in A} K_\alpha$; définissons de manière analogue $(L_\beta)_{\beta \in B}$ et N pour la mesure μ sur T. On note S' l'espace localement compact somme des sous-espaces K_α de S et de l'espace *discret* M; l'espace T' est défini de manière analogue, et l'on pose $X' = S' \times T'$. L'espace localement compact X' est somme de la famille $(K_\alpha \times L_\beta)_{(\alpha, \beta) \in A \times B}$ de sous-espaces compacts de X, et d'un sous-espace $P = (M \times T) \cup (S \times N)$ qui est une partie localement ν-négligeable de X (on notera que P n'est pas un espace discret en général). On a vu dans le *Scholie* du § 1, n° 8 qu'il existe une mesure λ' sur S' telle que les fonctions mesurables, l'intégrale supérieure essentielle des fonctions positives, les fonctions essentiellement intégrables et leurs intégrales soient les mêmes pour λ et λ'. Associons la mesure μ' sur T' à μ et la mesure ν' sur X' à ν, conformément au Scholie cité; on voit immédiatement que l'on a $\nu'^\bullet(f \otimes g) = \lambda'^\bullet(f)\mu'^\bullet(g)$ pour $f \in \mathscr{F}_+(S)$ et $g \in \mathscr{F}_+(T)$; on a donc $\nu' = \lambda' \otimes \mu'$ d'après la prop. 10 du n° 5. Comme la topologie de X' est plus fine que celle de X, toute fonction ν-modérée est ν'-modérée. Ce procédé permet d'étendre sans nouvelle démonstration le th. de Lebesgue–Fubini (chap. V, 2e éd., § 8, n° 4, th. 1) à la situation présente.

7. Un résultat sur la désintégration des mesures

PROPOSITION 13. — *Soient X un espace topologique, ν une mesure modérée sur X, p une application ν-propre de X dans un espace topologique T, et $\mu = p(\nu)$. On suppose que tout sous-espace compact de X est métrisable. Il existe alors une application $t \mapsto \lambda_t$ de T dans $\mathscr{M}_+(X)$ ayant les propriétés suivantes :*

a) pour tout $t \in T$, la mesure λ_t est portée par $p^{-1}(t)$;

b) pour toute fonction universellement mesurable[1] positive f sur X, la fonction $t \mapsto \lambda_t^\bullet(f)$ est universellement mesurable sur T et l'on a

$$(12) \qquad \int_X^\bullet f(x)\, d\nu(x) = \int_T^\bullet d\mu(t) \int_X^\bullet f(x)\, d\lambda_t(x);$$

[1] On dit qu'une application d'un espace topologique X dans un espace topologique Y est *universellement mesurable* si elle est μ-mesurable pour toute mesure μ sur X (cf. chap. V, 2e éd., § 3, n° 4).

c) l'ensemble des $t \in T$ tels que $\lambda_t(1) \neq 1$ est localement μ-négligeable.
De plus, si $t \mapsto \lambda'_t$ est une application de T *dans* $\mathscr{M}_+(X)$ *satisfaisant aux conditions a) et b), l'ensemble des $t \in T$ tels que $\lambda_t \neq \lambda'_t$ est localement μ-négligeable.*

Nous aurons besoin d'un résultat auxiliaire:

Lemme 4. — *Soient* X *un espace topologique,* ν *une mesure sur* X *et* f *une application* ν-*mesurable de* X *dans un espace topologique* F (*séparé ou non*). *Il existe une application universellement mesurable* f' *de* X *dans* F, *égale à* f *localement* ν-*presque partout.*

La démonstration est identique à celle de la prop. 7 du chap. V, 2ᵉ éd., § 3, n° 4, compte tenu de la prop. 10 du § 1, n° 8.

Passons à la démonstration de la prop. 13.

A) *On suppose que* X *est compact et métrisable et que* p *est continue et surjective*:

L'espace T est alors compact et métrisable (*Top. gén.*, chap. IX, 3ᵉ éd., § 2, n° 10). D'après le th. 1 du chap. VI, § 3, n° 1, il existe une application vaguement μ-mesurable et scalairement essentiellement μ-intégrable $H: t \mapsto \eta_t$ de T dans $\mathscr{M}_+(X)$ telle que $\nu = \int_T \eta_t \, d\mu(t)$ et que η_t soit de masse totale 1 et portée par $p^{-1}(t)$ pour tout $t \in T$. Soit $(S_n)_{n \in \mathbf{N}}$ un concassage de T pour μ, tel que la restriction de H à chacun des ensembles S_n soit continue (§ 1, n° 8, prop. 10 et 11); on notera $\Lambda: t \mapsto \lambda_t$ l'application de T dans $\mathscr{M}_+(X)$ égale à H sur $S = \bigcup_{n \in \mathbf{N}} S_n$ et à 0 sur $T - S$. Il est clair que l'on a $\nu = \int_T \lambda_t \, d\mu(t)$ et que Λ satisfait à la condition *a*) de l'énoncé; la formule (12) résulte de la prop. 5 du chap. V, 2ᵉ éd., § 3, n° 2.

Soit θ une mesure sur T; l'application Λ est vaguement θ-mesurable et scalairement essentiellement θ-intégrable, donc aussi θ-adéquate (chap. V, 2ᵉ éd., § 3, n° 1, prop. 2, *b*)). Soit f une fonction positive universellement mesurable sur X; d'après la prop. 5 du chap. V, 2ᵉ éd., § 3, n° 2, appliquée à $\int \lambda_t d\theta(t)$ l'application $t \mapsto \lambda_t^\bullet(f)$ est θ-mesurable, donc universellement mesurable vu l'arbitraire de θ.

B) *On suppose qu'il existe une partie compacte* X' *de* X *portant la mesure* ν *et telle que* $p_{X'}$ *soit continue*:

Posons alors $T' = p(X')$, et $p' = p_{X'}$; nous noterons ν' la mesure $\nu_{X'}$ et μ' la mesure image $p'(\nu')$ sur T'. Comme p' est continue et surjective et que X' est compact et métrisable, il existe d'après A) une application $\Lambda': t' \mapsto \lambda'_{t'}$ de T' dans $\mathscr{M}_+(X')$ satisfaisant aux conditions suivantes:

a') pour tout $t' \in T'$, la mesure $\lambda'_{t'}$ est portée par $X' \cap p^{-1}(t')$;

b') pour toute fonction positive universellement mesurable f' sur X', la fonction $t' \mapsto \lambda'^\bullet_{t'}(f')$ est universellement mesurable sur T' et l'on a

$$\int_{X'}^\bullet f'(x') \, d\nu'(x') = \int_{T'}^\bullet d\mu'(t') \int_{X'}^\bullet f'(x') \, d\lambda'_{t'}(x').$$

Soit $t \in T$; si t appartient à T', nous noterons λ_t l'image de λ'_t par l'injection canonique de X' dans X, et si t appartient à $T - T'$ nous poserons $\lambda_t = 0$. Le lecteur vérifiera sans peine que l'application $t \mapsto \lambda_t$ satisfait aux conditions *a*) et *b*) de l'énoncé.

C) *Existence dans le cas général*:

La mesure ν sur X étant modérée, nous pouvons choisir un recouvrement $(U_m)_{m\in\mathbf{N}}$ de X formé d'ouverts ν-intégrables. Soit par ailleurs $(X_n)_{n\in\mathbf{N}}$ un ν-concassage de X tel que la restriction de p à chaque ensemble X_n soit continue (§ 1, n° 8, prop. 10 et 11); on notera ν_n la mesure $\varphi_{X_n}.\nu$ sur X et μ_n son image par p. D'après B), il existe, pour tout entier $n \in \mathbf{N}$, une application $t \mapsto \alpha_t^n$ de T dans $\mathscr{M}_+(X)$ satisfaisant aux conditions suivantes:

a″) La mesure α_t^n est portée par $p^{-1}(t)$ pour tout $t \in T$.

b″) Si f est une fonction positive universellement mesurable sur X, la fonction positive $t \mapsto (\alpha_t^n)^\bullet(f)$ sur T est universellement mesurable et l'on a

$$(13) \qquad \int_X^\bullet f(x)\, d\nu_n(x) = \int_T^\bullet d\mu_n(t) \int_X^\bullet f(x)\, d\alpha_t^n(x).$$

On a $\nu = \sum_{n\in\mathbf{N}} \nu_n$ et $\mu = \sum_{n\in\mathbf{N}} \mu_n$; il résulte immédiatement de la prop. 3 du n° 2 et du lemme 4 ci-dessus qu'il existe une suite $(g_n)_{n\in\mathbf{N}}$ de fonctions positives universellement mesurables sur T telle que $\mu_n = g_n.\mu$ pour tout $n \in \mathbf{N}$ et $\sum_{n\in\mathbf{N}} g_n = 1$. Pour tout $t \in T$, nous noterons β_t^n la mesure $g_n(t).\alpha_t^n$ sur X et q_t l'encombrement $\sum_{n\in\mathbf{N}} (\beta_t^n)^\bullet$ sur X. Soit f une fonction positive universellement mesurable sur X; utilisant la prop. 2 du n° 2 et sommant sur n dans (13), on obtient

$$(14) \qquad \int_X^\bullet f(x)\, d\nu(x) = \int_T^\bullet q_t(f)\, d\mu(t);$$

il est clair par ailleurs que la fonction $t \mapsto q_t(f)$ sur T est universellement mesurable.

Pour tout $m \in \mathbf{N}$, soit E_m l'ensemble des $t \in T$ tels que $q_t(U_m) = +\infty$; l'ensemble E_m est universellement mesurable car il en est ainsi de l'application $t \mapsto q_t(U_m)$, et E_m est localement μ-négligeable d'après la formule (14) appliquée à $f = \varphi_{U_m}$, puisque $\nu^\bullet(U_m)$ est fini. L'ensemble $E = \bigcup_{m\in\mathbf{N}} E_m$ est donc universellement mesurable et localement μ-négligeable. Nous poserons $\lambda_t = 0$ pour $t \in E$. Par ailleurs, soit $t \in T - E$; l'encombrement q_t est localement borné puisque les ouverts U_m recouvrent X et que $q_t(U_m)$ est fini; d'après la prop. 7 du § 1, n° 7, il existe une mesure λ_t sur X telle que $q_t = \lambda_t^\bullet$ et $\lambda_t = \sum_{n\in\mathbf{N}} \beta_t^n$. Il est immédiat que l'application $t \mapsto \lambda_t$ satisfait aux conditions *a*) et *b*) de l'énoncé.

D) *Démonstration de c*):

Soit f une fonction universellement mesurable, positive et bornée sur X; nous allons montrer que la fonction universellement mesurable $h_f: t \mapsto \lambda_t^\bullet(f)$ sur T est une densité de la mesure $\mu_f = p(f.\nu)$ par rapport à $\mu = p(\nu)$. Soit K une partie compacte de T et soit $A = p^{-1}(K)$. Pour tout $t \in T$, la mesure λ_t est portée par $p^{-1}(t)$; si t appartient à K, on a $p^{-1}(t) \subset A$, d'où $\lambda_t^\bullet(f\varphi_A) = \lambda_t^\bullet(f)$; en revanche, si t appartient à T − K, on a $p^{-1}(t) \subset X - A$, d'où $\lambda_t^\bullet(f\varphi_A) = 0$. Appliquant la formule (12) à $f.\varphi_A$, on trouve alors

$$\mu_f(K) = \int_A^\bullet f(x)\,d\nu(x) = \int_K^\bullet d\mu(t) \int_X^\bullet f(x)\,d\lambda_t(x) = \int_K^\bullet h_f(t)\,d\mu(t),$$

ce qui établit la relation $\mu_f = h_f.\mu$.

Faisant $f = 1$, on voit que la fonction $h_1 : t \mapsto \|\lambda_t\|$ est une densité de la mesure $\mu_1 = \mu$ par rapport à μ, donc est égale à 1 localement μ-presque partout sur T.

E) *Unicité*:

Soient $t \mapsto \lambda_t^i$ (pour $i = 1, 2$) deux applications de T dans $\mathscr{M}_+(X)$ satisfaisant aux conditions *a*) et *b*) de l'énoncé. Comme dans C), choisissons un μ-concassage $(X_n)_{n\in\mathbf{N}}$ de X tel que p_{X_n} soit continue pour tout $n \in \mathbf{N}$, et posons $N = X - \bigcup_{n\in\mathbf{N}} X_n$. Pour tout entier $n \in \mathbf{N}$, choisissons un ensemble dénombrable D_n de fonctions positives sur X, nulles hors de X_n, dont les restrictions à X_n forment un ensemble dense dans l'espace normé $\mathscr{C}(X_n)$ (appliquer le th. 1 de *Top. gén.*, chap. X, 2ᵉ éd., § 3, nº 3 à l'espace compact métrisable X_n). Nous poserons $D = \bigcup_{n\in\mathbf{N}} D_n$.

Soit $f \in D$; d'après D), les fonctions $t \mapsto (\lambda_t^1)^\bullet(f)$ et $t \mapsto (\lambda_t^2)^\bullet(f)$ sont des densités de la mesure μ_f par rapport à μ, et il existe donc un ensemble localement μ-négligeable E_f dans T tel que $(\lambda_t^1)^\bullet(f) = (\lambda_t^2)^\bullet(f)$ pour $t \in T - E_f$. De plus, d'après (12), l'ensemble F_i des $t \in T$ tels que $(\lambda_t^i)^\bullet(N) \neq 0$ est localement μ-négligeable pour $i = 1, 2$. Comme D est dénombrable, l'ensemble $G = (\bigcup_{f\in D} E_f) \cup F_1 \cup F_2$ est localement μ-négligeable; pour $t \in T - G$ on a $(\lambda_t^1)^\bullet(N) = (\lambda_t^2)^\bullet(N) = 0$ et $(\lambda_t^1)_{X_n} = (\lambda_t^2)_{X_n}$, d'où $\lambda_t^1 = \lambda_t^2$ d'après la prop. 9 du § 1, nº 8.

C.Q.F.D.

Remarques. — 1) Si X est un espace souslinien, tout sous-espace compact de X est souslinien, donc métrisable (*Top. gén.*, 3ᵉ édit., chap. IX, Appendice I, cor. 2 de la prop 3), et toute mesure sur X est modérée (§ 1, nº 9, *Remarque* 1). D'après la prop. 13, toute mesure ν sur X admet donc une désintégration par rapport à toute application ν-propre.

2) Avec les notations de la prop. 13, soit f une fonction ν-mesurable positive. On peut prouver comme au chap. V, 2ᵉ éd., § 3, nº 2, prop. 5 que l'ensemble des $t \in T$ tels que f ne soit pas λ_t-mesurable est localement μ-négligeable, que $t \mapsto \lambda_t^\bullet(f)$ est μ-mesurable, et que l'on a encore la relation (12).

§ 3. Mesures et fonctions additives d'ensemble

Dans ce paragraphe, on désignera respectivement par $\mathfrak{K}(T)$ *et par* $\mathfrak{B}(T)$ *l'ensemble des parties compactes d'un espace topologique séparé* T, *et la tribu borélienne de* T.

1. Mesures et fonctions additives de compacts

THÉORÈME 1. — *Soient* T *un espace topologique, et* I *une application de* $\mathfrak{K}(T)$ *dans* $\mathbf{R}_+$. *Pour qu'il existe une mesure* μ *sur* T *telle que* $I(K) = \mu^\bullet(K)$ *pour tout* $K \in \mathfrak{K}(T)$, *il faut et il suffit que* I *satisfasse aux conditions suivantes:*

1) *Si* K *et* L *sont des parties compactes de* T *telles que* $K \subset L$, *on a* $I(K) \leqslant I(L)$ (« I *est croissante* »).

2) *Si* K *et* L *sont des parties compactes de* T, *on a* $I(K \cup L) \leqslant I(K) + I(L)$.

3) *Si* K *et* L *sont des compacts disjoints de* T, *on a* $I(K \cup L) = I(K) + I(L)$ (« I *est additive* »).

4) *Pour toute famille filtrante décroissante* $(K_\alpha)_{\alpha \in A}$ *de parties compactes de* T, *on a* $I(\bigcap_{\alpha \in A} K_\alpha) = \inf_{\alpha \in A} I(K_\alpha)$.

5) *Pour tout* $x \in T$, *il existe un voisinage* V *de* x *tel que*

$$\sup_{\substack{K \in \mathfrak{K}(T) \\ K \subset V}} I(K) < +\infty \quad \text{(« I \textit{est localement bornée} »).}$$

La mesure μ *est alors unique.*

L'unicité de μ résulte du cor. de la prop. 2 du § 1, n° 2. Les conditions ci-dessus sont nécessaires, les trois premières de façon évidente, la dernière du fait que $\mu^\bullet$ est un encombrement localement borné, et la condition 4) d'après le cor. de la prop. 5 du § 1, n° 6.

Pour montrer que ces conditions sont suffisantes, nous commencerons par traiter le cas où T *est compact*.

Lemme 1. — *Supposons que* T *soit compact, et posons* $I(T) = l$. *Pour tout* $A \subset T$, *posons*

$$J(A) = \sup_{\substack{K \in \mathfrak{K}(T) \\ K \subset A}} I(K) \tag{1}$$

et soit Φ *l'ensemble des* $A \subset T$ *tels que* $J(A) + J(\complement A) = l$. *L'ensemble* Φ *est alors un clan qui contient* $\mathfrak{K}(T)$, *et la fonction* J *sur* Φ *est croissante et additive.*

Il est clair que J est une fonction d'ensemble croissante, qui prolonge I, et que l'on a $J(A) + J(\complement A) \leqslant l$ pour tout $A \subset T$.

Soient K et S deux ensembles compacts dans T; nous allons montrer d'abord que l'on a:

$$J(K \cap S) + J(\complement K \cap S) = J(S). \tag{2}$$

En considérant les restrictions de I à $\mathfrak{K}(S)$ et de J à $\mathfrak{P}(S)$, on se ramène aussitôt au cas où $S = T$. Comme T est normal, K est l'intersection de la famille filtrante décroissante de ses voisinages compacts, et la condition 4) entraîne l'existence, pour tout $\varepsilon > 0$, d'un voisinage compact H de K tel que $I(H) \leqslant I(K) + \varepsilon$. Soit L l'adhérence de $T - H$; L est compact, on a $L \cap K = \varnothing$, et $H \cup L = T$, donc $l = I(H \cup L) \leqslant I(H) + I(L) \leqslant I(K) + I(L) + \varepsilon$ (condition 2)), d'où la relation $J(K) + J(\complement K) \geqslant I(K) + I(L) \geqslant l - \varepsilon$. Comme ε est arbitraire, on a $J(K) + J(\complement K) = l$. Cela prouve la formule (2), ainsi que l'inclusion $\mathfrak{K}(T) \subset \Phi$.

Prouvons maintenant que Φ est un clan. Comme Φ est évidemment stable par passage au complémentaire, il suffit de montrer que si A_1 et A_2 désignent des éléments de Φ, on a $A_1 \cup A_2 \in \Phi$, ou encore que l'on a

$$J(A_1 \cup A_2) + J(\complement(A_1 \cup A_2)) \geqslant l. \tag{3}$$

Désignons par ε un nombre > 0, et, pour $i = 1, 2$, soient K_i un compact contenu dans A_i, L_i un compact contenu dans $\complement A_i$, tels que

$$I(K_i) \geqslant J(A_i) - \varepsilon, \qquad I(L_i) \geqslant J(\complement A_i) - \varepsilon.$$

Posons $M_1 = K_1 \cup L_1$; les relations $l = J(M_1) + J(\complement M_1)$, $J(M_1) = I(K_1) + I(L_1) \geqslant J(A_1) + J(\complement A_1) - 2\varepsilon = l - 2\varepsilon$, entraînent $J(\complement M_1) \leqslant 2\varepsilon$. Alors, si S est une partie compacte de T, la relation (2) (appliquée à $K = M_1$) entraîne $J(S) \leqslant J(M_1 \cap S) + 2\varepsilon$, d'où

$$J(S) \leqslant J(K_1 \cap S) + J(L_1 \cap S) + 2\varepsilon.$$

Ajoutons les inégalités obtenues en faisant $S = K_2$ et $S = L_2$ et tenons compte de l'inégalité $J(K_2) + J(L_2) \geqslant l - 2\varepsilon$, et du fait que $K_1 \cap K_2$, $L_1 \cap K_2$ et $K_1 \cap L_2$ sont trois compacts disjoints contenus dans $A_1 \cup A_2$. Il vient, en désignant par C la réunion de ces trois compacts

$$\begin{aligned} l - 2\varepsilon \leqslant J(K_2) + J(L_2) &\leqslant J(C) + J(L_1 \cap L_2) + 4\varepsilon \\ &\leqslant J(A_1 \cup A_2) + J(\complement(A_1 \cup A_2)) + 4\varepsilon \end{aligned}$$

d'où aussitôt la formule (3) cherchée vu l'arbitraire de ε. Ceci étant acquis, les inégalités précédentes entraînent $J(C) \geqslant J(A_1 \cup A_2) - 6\varepsilon$; si A_1 et A_2 sont disjoints, C est réunion de $K_1 \cap L_2 \subset A_1$ et de $K_2 \cap L_1 \subset A_2$, et on en déduit $J(A_1 \cup A_2) \leqslant J(A_1) + J(A_2)$. L'inégalité inverse étant évidente, J est bien additive sur Φ, et le lemme est établi.

Achevons la démonstration du théorème dans le cas où T est compact. Soit $\mathscr{E}(\Phi)$ l'espace vectoriel des fonctions Φ-étagées sur T muni de la convergence uniforme (chap. IV, 2e éd., § 4, nº 9, déf. 4); nous désignerons encore par J la forme linéaire positive sur $\mathscr{E}(\Phi)$ associée à la fonction additive J (*loc. cit.*, prop. 18). Comme $J(T) = l$, J est continue et de norme l. Soit alors $\mathscr{H}$ l'adhérence de $\mathscr{E}(\Phi)$ pour la topologie de la convergence uniforme; on vérifie aussitôt que J se prolonge par continuité en une forme linéaire *positive* sur $\mathscr{H}$, encore notée J. Comme $\mathscr{H}$ contient $\mathscr{C}(T)$ (*loc. cit.*, nº 10, prop. 19) la restriction de J à $\mathscr{C}(T)$ est une mesure positive μ. Il nous reste à montrer que l'on a $\mu^\bullet(K) = I(K)$ pour toute partie compacte K de T. Or nous avons $\mu^\bullet(K) = \inf_{f \in S_K} \mu^\bullet(f)$, où S_K désigne l'ensemble des éléments de $\mathscr{C}(T)$ qui majorent φ_K (§ 1, nº 6, prop. 5). Comme $J(f) = \mu^\bullet(f)$ pour $f \in \mathscr{C}(T)$, il suffit évidemment de montrer que $J(K) \geqslant \inf_{f \in S_K} J(f)$. Or soit H, comme dans la démonstration du lemme 1, un voisinage compact de K tel que J(H) $\leqslant$ J(K) + ε, et soit f une fonction continue dans T, comprise entre 0 et 1, égale à 1 sur K et à 0 hors de H (*Top. gén.*, chap. IX, 3e éd., § 4, n° 1, prop. 1). On a

$$J(f) \leqslant J(H) \leqslant J(K) + \varepsilon;$$

ε étant arbitraire, l'inégalité demandée est prouvée, et le théorème est donc établi lorsque T est compact.

Passons maintenant au cas général. Pour tout ensemble compact L dans T, soit I_L la restriction de I à $\mathfrak{K}(L)$. D'après le cas particulier qui vient d'être traité, il existe une mesure μ_L sur L, unique, telle que $\mu_L(K) = I_L(K)$ pour tout ensemble compact $K \subset L$. Soit alors L' un compact contenu dans L; on a $(\mu_L)^{\bullet}_{L'}(K) = \mu^{\bullet}_L(K) = \mu^{\bullet}_{L'}(K)$ pour tout compact $K \subset L'$, donc $\mu_{L'} = (\mu_L)_{L'}$; l'application $\mu\colon L \mapsto \mu_L$ est une prémesure. La condition 5) exprime que μ est une mesure, et la relation $I(K) = \mu^{\bullet}(K)$ pour tout compact $K \subset T$ est évidente.

Remarques. — 1) La condition 4) peut être remplacée, dans l'énoncé du théorème 1, par la condition suivante (« continuité à droite »):

4') *Pour tout* $K \in \mathfrak{K}(T)$ *et tout* $\varepsilon > 0$, *il existe un ensemble ouvert* U *contenant* K, *tel que* $I(H) \leqslant I(K) + \varepsilon$ *pour tout compact* $H \subset U$.

Si μ est une mesure, la fonction $I\colon K \mapsto \mu^{\bullet}(K)$ satisfait en effet à 4') (§ 1, n° 9, prop. 13). Inversement, supposons que I satisfasse à 1) et 4'); montrons que I satisfait alors à 4). Avec les notations de l'énoncé du théorème 1, choisissons $\varepsilon > 0$ et un ensemble ouvert U contenant l'ensemble compact $K = \bigcap_{\alpha \in A} K_\alpha$, et tels que 4') soit vérifiée. Il existe alors un indice $\beta \in A$ tel que $K_\beta \subset U$, et cela entraîne

$$\inf_{\alpha \in A} I(K_\alpha) \leqslant I(K_\beta) \leqslant I(K) + \varepsilon$$

et 4) est bien vérifiée.

2) L'ensemble des conditions 2) et 3) peut être remplacé, dans l'énoncé du th. 1, par la condition suivante:

Si K *et* L *sont des compacts de* T, *on a*

$$I(K \cup L) + I(K \cap L) = I(K) + I(L).$$

Cette condition entraîne en effet 2) et 3), et d'autre part, on a

$$\mu^{\bullet}(K \cup L) + \mu^{\bullet}(K \cap L) = \mu^{\bullet}(K) + \mu^{\bullet}(L)$$

pour toute mesure μ, en vertu de la relation $\varphi_{K \cup L} + \varphi_{K \cap L} = \varphi_K + \varphi_L$ entre les fonctions caractéristiques.

2. Fonctions d'ensemble intérieurement régulières

DÉFINITION 1. — *Soit* T *un espace topologique, et soit* $\mathfrak{B}(T)$ *la tribu borélienne de* T; *soit* I *une application de* $\mathfrak{B}(T)$ *dans* $\overline{\mathbf{R}}_+$.

a) *On dit que* I *est dénombrablement additive si, pour toute suite* (A_n) *d'éléments de* $\mathfrak{B}(T)$ *deux à deux disjoints, on a*

$$(4) \qquad I(\bigcup_n A_n) = \sum_n I(A_n).$$

b) On dit que I *est intérieurement régulière si, pour tout ensemble* $A \in \mathfrak{B}(T)$, *on a*

$$I(A) = \sup_K I(K), \tag{5}$$

K *parcourant l'ensemble des parties compactes de* A.

c) On dit que I *est bornée* (resp. *localement bornée*) *si* $I(T) < +\infty$ (resp. *si tout point* $x \in T$ *admet un voisinage ouvert* V *tel que* $I(V) < +\infty$).

Remarques. — 1) La condition *a*) entraîne évidemment que I est une application croissante de $\mathfrak{B}(T)$ (ordonné par inclusion) dans $\overline{\mathbf{R}}_+$.

2) Supposons que I soit dénombrablement additive; soit $(A_n)_{n \in \mathbf{N}}$ une suite croissante d'ensembles boréliens, et soit $A = \bigcup_{n \in \mathbf{N}} A_n$. Les ensembles $D_0 = A_0$, $D_n = A_n - A_{n-1}$ étant deux à deux disjoints, et leur réunion étant A, on a $I(A) = \sum_n I(D_n) = \lim_{n \to \infty} I(A_n)$. De même, si (B_n) est une suite décroissante d'ensembles boréliens, et si $I(B_0) < +\infty$, on a $I(\bigcap_n B_n) = \lim_{n \to \infty} I(B_n)$: il suffit d'appliquer ce qui précède aux ensembles $A_n = B_0 - B_n$.

3) Soit (A_n) une suite quelconque de parties boréliennes de T. Si I est dénombrablement additive, on a $I(\bigcup_n A_n) \leqslant \sum_n I(A_n)$. D'après la remarque précédente, il suffit d'établir cette inégalité pour une suite finie. On se ramène alors aussitôt au cas de deux ensembles A_1 et A_2; mais la relation (4) entraîne que

$$I(A_1 \cup A_2) = I(A_1) + I(A_2 - (A_1 \cap A_2)) \leqslant I(A_1) + I(A_2).$$

L'inégalité cherchée en résulte immédiatement.

4) Si I est une fonction dénombrablement additive et localement bornée, la remarque précédente entraîne aussitôt que $I(K) < +\infty$ pour tout compact $K \subset T$.

5) On peut montrer que si I est *additive*, c'est-à-dire satisfait à (4) pour les suites *finies*, et si I est intérieurement régulière, alors I est dénombrablement additive (exerc. 7). Le lecteur pourra d'ailleurs constater que seule l'additivité et la régularité intérieure sont utilisées dans la démonstration du th. 2 ci-dessous.

THÉORÈME 2. — *Soit* T *un espace topologique, et soit* I *une fonction définie sur* $\mathfrak{B}(T)$, *à valeurs dans* $\overline{\mathbf{R}}_+$. *Pour qu'il existe une mesure* μ *sur* T, *telle que* $\mu^\bullet(A) = I(A)$ *pour tout* $A \in \mathfrak{B}(T)$, *il faut et il suffit que* I *soit dénombrablement additive, localement bornée et intérieurement régulière. La mesure* μ *est alors unique.*

Ces trois conditions sont nécessaires : l'application $A \mapsto \mu^\bullet(A)$ sur $\mathfrak{B}(T)$ est en effet dénombrablement additive (§ 1, n° 5, cor. de la prop. 4), localement bornée d'après la définition des mesures (§ 1, n° 2, déf. 5) et intérieurement régulière d'après la *Remarque* 3 du § 1, n° 2.

Passons à l'existence. Il est clair que la restriction de I à $\mathfrak{K}(T)$ satisfait aux conditions 1), 2), 3) et 5) de l'énoncé du th. 1; montrons que 4) est également satisfaite. Soit K une partie compacte de T, intersection d'une famille filtrante décroissante $(K_\alpha)_{\alpha \in A}$ d'ensembles compacts, et soit ε un nombre > 0; I étant localement bornée, il existe un voisinage ouvert (donc borélien) V de K tel que $I(V) < +\infty$, et il existe alors un indice α tel que $K_\alpha \subset V$; quitte à changer de notation, nous pouvons supposer que $K_\alpha \subset V$ pour tout $\alpha \in A$. D'après la régularité intérieure de I, il existe un ensemble compact $L \subset V - K$ tel que

$I(L) \geqslant I(V - K) - \varepsilon$; comme L ne rencontre pas K, il existe un indice α tel que $L \cap K_\alpha = \varnothing$, et on a alors $I(V - K_\alpha) \geqslant I(L) \geqslant I(V - K) - \varepsilon$. Comme on a $K_\alpha \subset V$, il en résulte $I(K_\alpha) \leqslant I(K) + \varepsilon$ et la condition 4) est vérifiée.

D'après le th. 1, il existe une mesure μ telle que $\mu^\bullet(K) = I(K)$ pour tout $K \in \mathfrak{K}(T)$. La régularité intérieure des fonctions d'ensembles $\mu^\bullet$ et I sur $\mathfrak{B}(T)$ entraîne alors $\mu^\bullet(A) = I(A)$ pour tout $A \in \mathfrak{B}(T)$ et l'existence est prouvée. L'unicité de μ résulte de l'assertion d'unicité du th. 1.

3. Espaces radoniens

DÉFINITION 2. — *Soit* T *un espace topologique. On dit que* T *est un espace radonien* (resp. *fortement radonien*) *si* T *est séparé et si toute fonction définie sur la tribu borélienne* $\mathfrak{B}(T)$ *de* T, *à valeurs dans* $\overline{\mathbf{R}}_+$, *dénombrablement additive et bornée* (resp. *localement bornée*) *est intérieurement régulière.*

Par exemple, nous verrons plus loin (prop. 3) que tout espace polonais est fortement radonien. En particulier, tout espace localement compact à base dénombrable est fortement radonien.

Il existe des espaces radoniens qui ne sont pas fortement radoniens.

PROPOSITION 1. — *Tout espace de Lindelöf* (1) *radonien est fortement radonien.*

Soit T un espace de Lindelöf radonien, et soit I une fonction d'ensemble, positive, dénombrablement additive et localement bornée, sur la tribu $\mathfrak{B}(T)$. Les ensembles ouverts V tels que $I(V) < +\infty$ forment un recouvrement de T, dont on peut extraire un recouvrement dénombrable $(V_n)_{n \in \mathbf{N}}$. Posons $G_n = V_0 \cup V_1 \cup \ldots \cup V_n$ pour tout $n \in \mathbf{N}$; posons $H_0 = G_0$ et $H_n = G_n - G_{n-1}$ pour $n \geqslant 1$; désignons enfin par I_n la fonction d'ensemble $A \mapsto I(A \cap H_n)$ sur $\mathfrak{B}(T)$, qui est évidemment dénombrablement additive et bornée. Les ensembles H_n formant une partition de T, on a $I = \sum_n I_n$. L'espace T étant radonien, il existe pour chaque $n \in \mathbf{N}$ une mesure bornée μ_n sur T telle qu'on ait $\mu_n^\bullet(A) = I_n(A)$ pour tout $A \in \mathfrak{B}(T)$; on a donc aussi $\sum_n \mu_n^\bullet(A) = I(A)$. Comme I est localement bornée, la famille (μ_n) est sommable (§ 1, n° 7, prop. 7); si μ désigne $\sum_n \mu_n$, on a $\mu^\bullet(A) = I(A)$ pour tout $A \in \mathfrak{B}(T)$, et il en résulte que I est intérieurement régulière. Autrement dit, T est fortement radonien.

Rappelons qu'une partie A d'un espace topologique T est dite *universellement mesurable* si A est μ-mesurable pour toute mesure μ sur T. Cela revient à dire que A est μ-mesurable pour toute mesure μ sur T à *support compact* (§ 1, n° 8, prop. 9).

(1) Rappelons (*Top. gén.* chap. IX, Appendice I) qu'on appelle *espace de Lindelöf* tout espace topologique T tel que de tout recouvrement ouvert de T, on puisse extraire un recouvrement dénombrable.

PROPOSITION 2. — *Soient* X *un espace topologique et* T *un sous-espace de* X.

a) *Supposons que* T *soit radonien. Pour toute fonction* I *définie sur* $\mathfrak{B}(X)$, *positive, dénombrablement additive et bornée, on a alors*

$$\sup_{\substack{K \text{ compact} \\ K \subset T}} I(K) = \inf_{\substack{B \in \mathfrak{B}(X) \\ B \supset T}} I(B). \tag{6}$$

De plus, T *est universellement mesurable dans* X.

b) *Inversement, supposons que* X *soit radonien, et que* T *soit universellement mesurable dans* X; *alors* T *est radonien.*

Démontrons *a*). Désignons par α le second membre de (6); pour tout $n \in \mathbf{N}$, il existe un ensemble $C_n \in \mathfrak{B}(X)$ contenant T, et tel que $I(C_n) \leqslant \alpha + 2^{-n}$. Si l'on pose $C = \bigcap_n C_n$, on a alors $T \subset C$, $I(C) = \alpha$. Si $A \in \mathfrak{B}(T)$, choisissons une partie borélienne B de X telle que $A = B \cap T$ (*Top. gén.*, chap. IX, 3e éd., § 6, n° 3) et posons $J(A) = I(B \cap C)$. Ce nombre ne dépend pas du choix de B, car si B′ est un second ensemble, borélien dans X, tel que $A = B' \cap T$, alors $B \cap C$ et $B' \cap C$ ne diffèrent que par un ensemble borélien M contenu dans $C - T$, et on a $I(M) = 0$ d'après la construction de C. On a évidemment $J(K) = I(K)$ pour tout ensemble compact $K \subset T$. Soit (A_n) une suite de parties boréliennes de T, deux à deux disjointes, et, pour chaque n, soit B_n une partie borélienne de X telle que $B_n \cap T = A_n$. Quitte à remplacer B_n par $B_n - (\bigcup_{k<n} B_k)$, on peut supposer que les ensembles B_n sont deux à deux disjoints. Posons $A = \bigcup_n A_n$ et $B = \bigcup_n B_n$; on a $J(A) = I(B \cap C) = \sum_n I(B_n \cap C) = \sum_n J(A_n)$; J est donc une fonction dénombrablement additive et bornée sur $\mathfrak{B}(T)$. Comme T est radonien par hypothèse, il existe une mesure bornée μ sur T telle que $J(A) = \mu^\bullet(A)$ pour tout $A \in \mathfrak{B}(T)$; on a par conséquent $\alpha = J(T) = \mu^\bullet(T) = \sup_K \mu^\bullet(K) = \sup_K J(K)$, par définition de $\mu^\bullet$. La formule (6) est donc établie.

Montrons que T est universellement mesurable. Soit λ une mesure bornée sur X; le raisonnement précédent s'applique à la fonction d'ensemble $I: A \mapsto \lambda^\bullet(A)$ sur $\mathfrak{B}(X)$, et il existe donc une suite (K_n) de parties compactes de T telles que l'on ait (avec les notations ci-dessus)

$$\sup_n \lambda^\bullet(K_n) = J(T) = \lambda^\bullet(C).$$

Posons $K' = \bigcup_{n \in \mathbf{N}} K_n$; K′ est borélien dans X, on a $K' \subset T \subset C$, $\lambda^\bullet(K') = \lambda^\bullet(C)$, donc ces trois ensembles ne diffèrent que par des ensembles λ-négligeables, et T est λ-mesurable. Cela achève la démonstration de *a*).

Passons à *b*). Supposons que X soit radonien, et que T soit universellement mesurable dans X. Soit I une fonction positive, dénombrablement additive et bornée sur $\mathfrak{B}(T)$; la fonction $A \mapsto I(A \cap T)$ sur $\mathfrak{B}(X)$ est alors positive, dénombrablement additive et bornée, et il existe donc une mesure bornée ν sur X telle que $I(A \cap T) = \nu^\bullet(A)$ pour tout $A \in \mathfrak{B}(X)$. Or T est ν-mesurable; la relation précédente montre que $\nu^\bullet(K) = 0$ pour tout compact K de X disjoint de T, et ν est donc concentrée sur T. Par conséquent, pour tout ensemble borélien A de X, on a $I(A \cap T) = \nu^\bullet(A \cap T) = \mu^\bullet(A \cap T)$, où μ est la mesure induite par ν sur T. Il en résulte enfin que $I(B) = \mu^\bullet(B)$ pour tout ensemble $B \in \mathfrak{B}(T)$ (*Top. gén.*, chap. IX, 3ᵉ éd., § 6, n° 3, *Remarque*), et I est bien intérieurement régulière.

Corollaire. — *Si* X *est un espace radonien, tout sous-ensemble borélien* T *de* X *est radonien.*

En effet, T est universellement mesurable dans X.

Proposition 3. — *Tout espace souslinien (en particulier tout espace polonais ou lusinien) est fortement radonien.*

Soit T un espace souslinien; T étant un espace de Lindelöf (*Top. gén.*, chap. IX, 3ᵉ éd., Appendice I, cor. de la prop. 1), il suffit de montrer que T est radonien (prop. 1). Soit I une fonction définie sur $\mathfrak{B}(T)$, positive, dénombrablement additive et bornée. Nous prolongerons I à $\mathfrak{P}(T)$ en posant, pour toute partie A de T

$$I(A) = \inf_{\substack{B \in \mathfrak{B}(T) \\ B \supset A}} I(B).$$

Montrons que ce prolongement est une *capacité* sur T (*Top. Gén.*, chap. IX, 3ᵉ éd., § 6, n° 9). Il est clair que la relation $A \subset A'$ entraîne $I(A) \leqslant I(A')$. Soit (A_n) une suite croissante de parties de T, et soit $A = \bigcup_n A_n$. L'ensemble des parties boréliennes qui contiennent A_n étant stable pour les intersections dénombrables, il existe pour chaque n un ensemble borélien B_n tel que $A_n \subset B_n$ et $I(A_n) = I(B_n)$ (cf. démonstration de la prop. 2). Posons $C_n = \bigcap_{p \geqslant n} B_p$; C_n est borélien, et on a $A_n \subset C_n \subset B_n$, donc $I(A_n) = I(C_n)$. D'autre part, la suite (C_n) est croissante. Soit $C = \bigcup_n C_n$: la relation $A \subset C$ entraîne $I(A) \leqslant I(C) = \lim_n I(C_n) = \lim_n I(A_n)$ d'où aussitôt l'égalité $I(A) = \lim_n I(A_n)$. Par suite, I est une capacité.

Si (H_n) est une suite décroissante d'ensembles fermés dans T, on a évidemment $I(\bigcap_n H_n) = \inf_n I(H_n)$. Il en résulte que tout sous-ensemble souslinien F de T est capacitable pour I (*Top. gén.*, chap. IX, 3ᵉ éd., § 4, n° 9, prop. 15). En particulier, tout sous-ensemble borélien A de T est capacitable (*loc. cit.*, n° 3, prop. 10). Autrement, dit, on a

$$I(A) = \sup_K I(K),$$

K parcourant l'ensemble des compacts contenus dans A; on a prouvé que I est intérieurement régulière.

Remarque. — Soient X un espace lusinien (en particulier un espace polonais), et f une application continue bijective de X dans un espace (régulier) Y. On sait (*Top. gén.*, chap. IX, 3e éd., § 6, n° 7, prop. 14) que l'application $B \mapsto f^{-1}(B)$ est une bijection de la tribu borélienne de Y sur la tribu borélienne de X. Les espaces X et Y sont lusiniens, donc fortement radoniens (prop. 3). Il en résulte immédiatement que l'application $\mu \mapsto f(\mu)$ est une bijection de l'ensemble des mesures bornées sur X sur l'ensemble des mesures bornées sur Y.

§ 4. Limites projectives de mesures

Dans tout ce paragraphe, on note I *un ensemble non vide, muni d'une relation de préordre, notée* $i \leqslant j$, *et filtrant pour cette relation. Rappelons* (*Top. gén.*, 4e *éd., chap.* I, § 4, n° 4) *qu'un système projectif d'espaces topologiques indexé par* I *est une famille* (T_i, p_{ij}) *où* T_i *est un espace topologique et* p_{ij} *une application continue de* T_j *dans* T_i *pour* $i \leqslant j$, *où* p_{ii} *est l'application identique de* T_i *et où l'on a* $p_{ik} = p_{ij} \circ p_{jk}$ *pour* $i \leqslant j \leqslant k$. *Soient* T *un espace topologique et* $(p_i)_{i \in I}$ *une famille d'applications continues* $p_i \colon T \to T_i$. *On dit que la famille* $(p_i)_{i \in I}$ *est cohérente si l'on a* $p_i = p_{ij} \circ p_j$ *pour* $i \leqslant j$, *et qu'elle est séparante si pour* x, y *distincts dans* T, *il existe* $i \in I$ *tel que* $p_i(x) \neq p_i(y)$. *Lorsque* $T = \varprojlim T_i$ *et que* p_i *est l'application canonique de* T *dans* T_i, *la famille* $(p_i)_{i \in I}$ *est cohérente et séparante.*

1. Compléments sur les espaces compacts et les limites projectives

PROPOSITION 1. — *Soient* X *et* Y *deux espaces topologiques et* f *une application continue de* X *dans* Y. *Soit* $(K_\alpha)_{\alpha \in A}$ *une famille filtrante décroissante de parties compactes de* X, *d'intersection* K. *On a alors* $f(K) = \bigcap_{\alpha \in A} f(K_\alpha)$.

En effet, soit y un point de $\bigcap_{\alpha \in A} f(K_\alpha)$; pour tout $\alpha \in A$, l'ensemble $L_\alpha = K_\alpha \cap f^{-1}(y)$ est compact et non vide. La famille $(L_\alpha)_{\alpha \in A}$ est filtrante décroissante, donc son intersection L est non vide. Or on a $L = K \cap f^{-1}(y)$, d'où $y \in f(K)$. On a donc prouvé l'inclusion $f(K) \supset \bigcap_{\alpha \in A} f(K_\alpha)$ et l'inclusion inverse est évidente.

PROPOSITION 2. — *Soient donnés un système projectif* (T_i, p_{ij}) *d'espaces topologiques indexé par* I, *un espace topologique* T *et une famille cohérente et séparante d'applications continues* $p_i \colon T \to T_i$. *Alors:*

a) *Pour toute partie compacte* K *de* T, *on a* $K = \bigcap_{i \in I} p_i^{-1}(p_i(K))$.

b) *Soient* K *et* L *deux parties compactes disjointes de* T. *Il existe* $i \in I$ *tel que* $p_j(K)$ *et* $p_j(L)$ *soient disjoints pour* $j \geqslant i$.

a) Soit x un point de $\bigcap_{i \in I} p_i^{-1}(p_i(K))$; pour tout $i \in I$, l'ensemble K_i formé des points y de K tels que $p_i(y) = p_i(x)$ est une partie fermée non vide de K. Pour $i \leqslant j$, on a $K_i \supset K_j$, et comme K est compact, l'ensemble $\bigcap_{i \in I} K_i$ est donc non vide. Soit y un point de $\bigcap_{i \in I} K_i$; on a $y \in K$ et $p_i(y) = p_i(x)$ pour tout $i \in I$, d'où $y = x$; finalement, on a $x \in K$, ce qui démontre l'inclusion $K \supset \bigcap_{i \in I} p_i^{-1}(p_i(K))$; l'inclusion opposée est évidente.

b) Pour tout $i \in I$, posons $M_i = p_i^{-1}(p_i(K)) \cap L$; c'est une partie fermée de l'espace compact L, on a $M_i \supset M_j$ pour $i \leqslant j$ et, d'après *a*), on a $\bigcap_{i \in I} M_i = K \cap L = \varnothing$. Par suite, il existe un indice i tel que $M_i = \varnothing$. Pour $j \geqslant i$, on a $p_j^{-1}(p_j(K)) \cap L = M_j \subset M_i = \varnothing$, d'où $p_j(K) \cap p_j(L) = \varnothing$.

2. Systèmes projectifs de mesures

DÉFINITION 1. — *Soit* $\mathscr{T} = (T_i, p_{ij})$ *un système projectif d'espaces topologiques indexé par* I. *On appelle système projectif* (resp. *système sous-projectif*) *de mesures sur* $\mathscr{T}$ *une famille* $(\mu_i)_{i \in I}$ *où* μ_i *est une mesure bornée sur* T_i *pour tout* $i \in I$, *et où l'on a* $\mu_i = p_{ij}(\mu_j)$ (resp. $\mu_i \geqslant p_{ij}(\mu_j)$) *pour* $i \leqslant j$.

PROPOSITION 3. — *Soient donnés un système projectif d'espaces topologiques* $\mathscr{T} = (T_i, p_{ij})$ *indexé par* I, *un espace topologique* T, *une famille cohérente et séparante d'applications continues* $p_i \colon T \to T_i$ (*pour* $i \in I$) *et un système sous-projectif* $(\mu_i)_{i \in I}$ *de mesures sur* $\mathscr{T}$. *Pour toute partie compacte* K *de* T, *on pose*

$$J(K) = \inf_{i \in I} \mu_i^\bullet(p_i(K)). \tag{1}$$

Il existe alors une mesure bornée π *sur* T, *et une seule, telle que* $\pi^\bullet(K) = J(K)$ *pour tout compact* K *de* T. *On a* $\mu_i \geqslant p_i(\pi)$ *pour tout* $i \in I$ *et* π *est la plus grande des mesures sur* T *satisfaisant à cette condition.*

Prouvons d'abord que J(K) est la limite de $\mu_i(p_i(K))$ selon le filtre des sections $\mathfrak{F}$ de l'ensemble préordonné filtrant I: il suffit pour cela (*Top. gén.*, chap. IV, 3e éd., § 5, n° 2, th. 2) de montrer que l'on a $\mu_i^\bullet(p_i(K)) \geqslant \mu_j^\bullet(p_j(K))$ pour $i \leqslant j$; or, si l'on pose $\mu'_{ij} = p_{ij}(\mu_j)$, on a $\mu'_{ij} \leqslant \mu_i$ et $p_j(K) \subset p_{ij}^{-1}(p_i(K))$, d'où

$$\mu_j^\bullet(p_j(K)) \leqslant \mu_j^\bullet(p_{ij}^{-1}(p_i(K))) = (\mu'_{ij})^\bullet(p_i(K)) \leqslant \mu_i^\bullet(p_i(K)).$$

Passons maintenant à l'étude des propriétés de la fonction J:

1) Il est clair que l'on a $J(K) \leqslant J(L)$ lorsque $K \subset L$.

2) Soient K et L deux parties compactes de T. Pour tout $i \in I$, on a $p_i(K \cup L) \subset p_i(K) \cup p_i(L)$, d'où

$$\mu_i^\bullet(p_i(K \cup L)) \leqslant \mu_i^\bullet(p_i(K)) + \mu_i^\bullet(p_i(L));$$

passant à la limite selon le filtre $\mathfrak{F}$, on obtient $J(K \cup L) \leqslant J(K) + J(L)$.

3) Supposons les compacts K et L disjoints. D'après la prop. 2 du n° 1, il existe $i \in I$ tel que $p_j(K) \cap p_j(L) = \varnothing$ pour $j \geqslant i$. Pour $j \geqslant i$, on a donc

$$\mu_j^\bullet(p_j(K \cup L)) = \mu_j^\bullet(p_j(K)) + \mu_j^\bullet(p_j(L)),$$

d'où $J(K \cup L) = J(K) + J(L)$ en passant à la limite selon le filtre $\mathfrak{F}$.

4) Soit $(K_\alpha)_{\alpha \in A}$ une famille filtrante décroissante de parties compactes de T, d'intersection K. D'après la prop. 1 du n° 1, on a $p_i(K) = \bigcap_{\alpha \in A} p_i(K_\alpha)$ et par suite

$\mu_i^\bullet(p_i(\mathrm{K})) = \inf_{\alpha\in\mathrm{A}} \mu_i^\bullet(p_i(\mathrm{K}_\alpha))$ pour tout $i \in \mathrm{I}$ (§ 1, n° 6, cor. de la prop. 5). On en déduit

$$\begin{aligned}\mathrm{J}(\mathrm{K}) &= \inf_{i\in\mathrm{I}} \mu_i^\bullet(p_i(\mathrm{K})) = \inf_{i\in\mathrm{I}} \inf_{\alpha\in\mathrm{A}} \mu_i^\bullet(p_i(\mathrm{K}_\alpha)) \\ &= \inf_{\alpha\in\mathrm{A}} \inf_{i\in\mathrm{I}} \mu_i^\bullet(p_i(\mathrm{K}_\alpha)) = \inf_{\alpha\in\mathrm{A}} \mathrm{J}(\mathrm{K}_\alpha).\end{aligned}$$

5) Choisissons i dans I et posons $c = \mu_i^\bullet(\mathrm{T}_i)$. Alors c est fini et l'on a $\mathrm{J}(\mathrm{K}) \leqslant \mu_i^\bullet(p_i(\mathrm{K})) \leqslant \mu_i^\bullet(\mathrm{T}_i)$, soit $\mathrm{J}(\mathrm{K}) \leqslant c$ pour tout compact K de T.

Les propriétés précédentes permettent d'appliquer le th. 1 du § 3, n° 1; on en conclut qu'il existe une mesure bornée π sur T, et une seule, telle que $\pi^\bullet(\mathrm{K}) = \mathrm{J}(\mathrm{K})$ pour toute partie compacte K de T. Pour tout $i \in \mathrm{I}$, notons ν_i la mesure sur T_i image de π par p_i. Soient $i \in \mathrm{I}$, A une partie compacte de T_i et $\mathfrak{L}$ l'ensemble des parties compactes de $p_i^{-1}(\mathrm{A})$. D'après la *Remarque* 3 du § 1, n° 2, on a $\pi^\bullet(p_i^{-1}(\mathrm{A})) = \sup_{\mathrm{K}\in\mathfrak{L}} \pi^\bullet(\mathrm{K})$; on a par ailleurs $\nu_i^\bullet(\mathrm{A}) = \pi^\bullet(p_i^{-1}(\mathrm{A}))$ et $\mathrm{J}(\mathrm{K}) = \pi^\bullet(\mathrm{K})$ pour $\mathrm{K} \in \mathfrak{L}$, d'où $\nu_i^\bullet(\mathrm{A}) = \sup_{\mathrm{K}\in\mathfrak{L}} \mathrm{J}(\mathrm{K})$. Pour $\mathrm{K} \in \mathfrak{L}$, on a $p_i(\mathrm{K}) \subset \mathrm{A}$, d'où $\mathrm{J}(\mathrm{K}) \leqslant \mu_i^\bullet(p_i(\mathrm{K})) \leqslant \mu_i^\bullet(\mathrm{A})$ et finalement $\nu_i^\bullet(\mathrm{A}) \leqslant \mu_i^\bullet(\mathrm{A})$. Comme A est un ensemble compact arbitraire dans T_i, on en conclut $\nu_i \leqslant \mu_i$.

C.Q.F.D.

THÉORÈME 1 (Prokhorov). — *Soient* $\mathscr{T} = (\mathrm{T}_i, p_{ij})$ *un système projectif d'espaces topologiques indexé par* I, T *un espace topologique et* $(p_i)_{i\in\mathrm{I}}$ *une famille cohérente et séparante d'applications continues* $p_i : \mathrm{T} \to \mathrm{T}_i$. *Enfin soit* $(\mu_i)_{i\in\mathrm{I}}$ *un système projectif de mesures sur* $\mathscr{T}$.

Pour qu'il existe une mesure bornée μ *sur* T *telle que* $p_i(\mu) = \mu_i$ *pour tout* $i \in \mathrm{I}$, *il faut et il suffit que soit vérifiée la condition suivante :*

(P) *pour tout* $\varepsilon > 0$, *il existe une partie compacte* K *de* T *telle que* $\mu_i^\bullet(\mathrm{T}_i - p_i(\mathrm{K})) \leqslant \varepsilon$ *pour tout* $i \in \mathrm{I}$.

S'il en est ainsi, la mesure μ *est déterminée de manière unique et l'on a*

$$\mu^\bullet(\mathrm{K}) = \inf_i \mu_i^\bullet(p_i(\mathrm{K})) \tag{2}$$

pour tout ensemble compact K *dans* T.

Démontrons d'abord l'unicité de μ. Soit μ une mesure bornée sur T telle que $p_i(\mu) = \mu_i$ pour tout $i \in \mathrm{I}$. Soit K une partie compacte de T; d'après la prop. 2 du n° 1, l'ensemble K est intersection de la famille filtrante décroissante $(p_i^{-1}(p_i(\mathrm{K})))_{i\in\mathrm{I}}$ de parties *fermées* de T. D'après le cor. de la prop. 5 du § 1, n° 6, on a donc

$$\mu^\bullet(\mathrm{K}) = \inf_{i\in\mathrm{I}} \mu^\bullet(p_i^{-1}(p_i(\mathrm{K}))) = \inf_{i\in\mathrm{I}} \mu_i^\bullet(p_i(\mathrm{K})),$$

ce qui établit la formule (2). Comme deux mesures qui coïncident sur l'ensemble des compacts sont égales (§ 1, n° 2, cor. de la prop. 2), on en déduit l'unicité de μ.

D'après la prop. 3, il existe sur T une mesure bornée π telle que $\pi^\bullet(\mathrm{K}) = \inf_{i\in\mathrm{I}} \mu_i^\bullet(p_i(\mathrm{K}))$ pour toute partie compacte K de T. D'après la formule (2), l'existence d'une mesure bornée μ sur T telle que $p_i(\mu) = \mu_i$ pour tout $i \in I$ équivaut donc à la relation :

(P') *On a* $p_i(\pi) = \mu_i$ *pour tout* $i \in I$.

Pour $i \leqslant j$, on a $\mu_i = p_{ij}(\mu_j)$, d'où $\mu_i^\bullet(T_i) = \mu_j^\bullet(T_j)$; comme I est filtrant, il existe un nombre fini $c \geqslant 0$ tel que $\mu_i^\bullet(T_i) = c$ pour tout $i \in I$. D'après la prop. 3, la mesure $\mu_i - p_i(\pi)$ est positive, donc est nulle si et seulement si sa masse totale est nulle, c'est-à-dire si $\mu_i(T_i) = p_i(\pi)^\bullet(T_i)$. Comme on a $p_i(\pi)^\bullet(T_i) = \pi^\bullet(T)$, la condition (P') équivaut donc à $\pi^\bullet(T) = c$, c'est-à-dire (§ 1, n° 2, *Remarque* 3) à la propriété :

(P") *On a* $\sup_{K \in \mathfrak{K}} \pi^\bullet(K) = c$, *où* $\mathfrak{K}$ *est l'ensemble des parties compactes de* T.

Or, pour $K \in \mathfrak{K}$, on a

$$\pi^\bullet(K) = \inf_{i \in I} \mu_i^\bullet(p_i(K)) = c - \sup_{i \in I} \mu_i^\bullet(T_i - p_i(K))$$

et cette formule entraîne immédiatement l'équivalence de (P) et (P").

C.Q.F.D.

Soit (T_i, p_{ij}) un système projectif d'espaces topologiques. Posons $T = \varprojlim T_i$ et notons p_i l'application canonique de T dans T_i. Généralisant la déf. 2 du chap. III, § 4, n° 5, on dira qu'une mesure bornée μ sur T est *limite projective d'un système projectif* $(\mu_i)_{i \in I}$ *de mesures* si l'on a $\mu_i = p_i(\mu)$ pour tout $i \in I$. Le th. 1 fournit un critère d'existence des limites projectives de mesures. Lorsque les espaces T_i sont *compacts*, et les applications p_{ij} surjectives, T est compact et l'on a $p_i(T) = T_i$ pour tout $i \in I$; la condition (P) est donc remplie, et l'on retrouve dans ce cas la prop. 8, (iv) du chap. III, § 4, n° 5.

Remarque. — Soit $(\mu_i)_{i \in I}$ un système projectif de mesures sur le système projectif d'espaces $\mathscr{T} = (T_i, p_{ij})$. On suppose donné un espace topologique T' et des applications continues $p'_i : T' \to T_i$; on suppose que la famille $(p'_i)_{i \in I}$ est cohérente, mais non nécessairement séparante. *Si la condition de Prokhorov* (P) *est satisfaite par la famille* $(p'_i)_{i \in I}$, *il existe une mesure* μ' *(non nécessairement unique) sur* T' *avec* $p'_i(\mu') = \mu_i$ *pour tout* $i \in I$.

Posons $T = \varprojlim T_i$ et $p' = (p'_i)_{i \in I}$, et notons p_i l'application canonique de T dans T_i; la condition de Prokhorov est satisfaite par T et les p_i, car on a $p_i(p'(K')) = p'_i(K')$ et $p'(K')$ est compact dans T pour toute partie compacte K' de T'. D'après le th. 1, il existe une mesure bornée μ sur T telle que $p_i(\mu) = \mu_i$ pour tout $i \in I$. Soit K' un ensemble compact dans T'; on a $\mu^\bullet(p'(K')) = \inf_{i \in I} \mu_i^\bullet(p'_i(K'))$, d'où

$$\mu^\bullet(T - p'(K')) = \sup_{i \in I} \mu_i^\bullet(T_i - p'_i(K')).$$

Soit $\varepsilon > 0$; comme la condition de Prokhorov (P) est satisfaite par les p'_i, on peut donc trouver un compact K' de T' tel que $\mu^\bullet(T - p'(K')) \leqslant \varepsilon$. La prop. 8 du § 2, n° 4 établit alors l'existence d'une mesure bornée μ' sur T' avec $\mu = p'(\mu')$, d'où $\mu_i = p_i(\mu) = p_i(p'(\mu')) = p'_i(\mu')$ pour tout $i \in I$.

3. Cas des systèmes projectifs dénombrables

THÉORÈME 2. — *On suppose que l'ensemble préordonné filtrant* I *possède une partie cofinale* dénombrable. *Soient* $\mathscr{T} = (T_i, p_{ij})$ *un système projectif d'espaces topologiques,*

$T = \varprojlim T_i$ et p_i *l'application canonique de* T *dans* T_i. *Tout système projectif* $(\mu_i)_{i \in I}$ *de mesures sur* $\mathscr{T}$ *admet alors une limite projective.*

Nous traiterons d'abord le cas où $I = \mathbf{N}$ et nous poserons $q_n = p_{n,n+1}$. Soit $\varepsilon > 0$. Par récurrence, on définit une suite d'ensembles compacts $L_n \subset T_n$ comme suit; L_0 est une partie compacte de T_0 telle que $\mu_0^{\bullet}(T_0 - L_0) \leqslant \varepsilon/2$, et pour $n \geqslant 0$, l'ensemble compact L_{n+1} est contenu dans $q_n^{-1}(L_n)$ et tel que

$$\mu_{n+1}^{\bullet}(q_n^{-1}(L_n) - L_{n+1}) \leqslant \varepsilon/2^{n+2}.$$

Cette construction est possible en vertu de la *Remarque* 3 du § 1, n° 2. On a

$$\begin{aligned}
\mu_{n+1}^{\bullet}(T_{n+1} - L_{n+1}) &= \mu_{n+1}^{\bullet}(T_{n+1} - q_n^{-1}(L_n)) + \mu_{n+1}^{\bullet}(q_n^{-1}(L_n) - L_{n+1}) \\
&\leqslant \mu_{n+1}^{\bullet}(T_{n+1} - q_n^{-1}(L_n)) + \varepsilon/2^{n+2} \\
&= \mu_n^{\bullet}(T_n - L_n) + \varepsilon/2^{n+2}
\end{aligned}$$

car $\mu_n = q_n(\mu_{n+1})$; par récurrence sur p, on en déduit

$$\mu_p^{\bullet}(T_p - L_p) \leqslant \varepsilon(1 - 1/2^{p+1}) \leqslant \varepsilon.$$

Comme T est un sous-espace fermé de $\prod_{n \in \mathbf{N}} T_n$ et que l'espace produit $\prod_{n \in \mathbf{N}} L_n$ est compact, la partie $L = T \cap \prod_{n \in \mathbf{N}} L_n = \bigcap_{n \in \mathbf{N}} p_n^{-1}(L_n)$ de T est compacte. Soit $n \in \mathbf{N}$; on a $p_n(L) = \bigcap_{m \geqslant n} p_{nm}(L_m)$ (*Top. gén.*, chap. I, 4e éd., § 9, n° 6, prop. 8) et $p_{nm}(L_m) \supset p_{nm'}(L_{m'})$ pour $m' \geqslant m \geqslant n$, d'où

$$\mu_n^{\bullet}(T_n - p_n(L)) = \lim_{m \to \infty} \mu_n^{\bullet}(T_n - p_{nm}(L_m)).$$

Mais, pour $m \geqslant n$, la mesure μ_n est image de μ_m par p_{nm}, d'où

$$\mu_n^{\bullet}(T_n - p_{nm}(L_m)) = \mu_m^{\bullet}(T_m - p_{nm}^{-1}(p_{nm}(L_m))) \leqslant \mu_m^{\bullet}(T_m - L_m) \leqslant \varepsilon;$$

en passant à la limite sur m, on obtient $\mu_n^{\bullet}(T_n - p_n(L)) \leqslant \varepsilon$. Autrement dit, la condition de Prokhorov (P) est satisfaite, et il existe une mesure bornée μ sur T telle que $\mu_n = p_n(\mu)$ pour tout $n \in \mathbf{N}$ (n° 2, th. 1).

Passons au cas général: il existe dans I une suite cofinale croissante $(i_n)_{n \in \mathbf{N}}$. L'application $t \mapsto (p_{i_n}(t))_{n \in \mathbf{N}}$ est un homéomorphisme de T sur la limite projective du système projectif $(T_{i_n}, p_{i_n i_m})$ (*Top. gén.*, chap. I, 4e éd., § 4, n° 4). D'après la première partie de la démonstration, il existe donc une mesure bornée μ sur T telle que $\mu_{i_n} = p_{i_n}(\mu)$ pour tout $n \in \mathbf{N}$. Soit $i \in I$; il existe $n \in \mathbf{N}$ avec $i \leqslant i_n$, d'où

$$p_i(\mu) = p_{i i_n}(p_{i_n}(\mu)) = p_{i i_n}(\mu_{i_n}) = \mu_i.$$

C.Q.F.D.

Le théorème 2 est souvent utilisé dans la situation suivante: soient D un ensemble dénombrable et $(X_t)_{t \in D}$ une famille d'espaces topologiques. Soit $\mathfrak{F}$ l'ensemble des parties finies de D, ordonné par inclusion. Pour J dans $\mathfrak{F}$, posons

$X_J = \prod_{t \in J} X_t$, et pour $J \subset J'$, soit $p_{JJ'}$ la projection canonique de $X_{J'}$ sur le produit partiel X_J. On pose aussi $X = \prod_{t \in D} X_t$ et l'on note p_J la projection canonique de X sur le produit partiel X_J. On montre facilement (cf *Ens.*, chap. III, 2ᵉ éd., § 7, n° 2, *Remarque* 3) que la famille $(p_J)_{J \in \mathfrak{F}}$ définit un homéomorphisme de X sur $\varprojlim X_J$. Un système projectif de mesures μ est alors une famille de mesures bornées μ_J sur X_J telles que $\mu_J = p_{JJ'}(\mu_{J'})$ pour $J \subset J'$. Il existe une mesure bornée μ sur X et une seule telle que $\mu_J = p_J(\mu)$ pour toute partie finie J de D (« Théorème de Kolmogoroff »). On dit parfois que μ est la mesure sur $\prod_{t \in D} X_t$ admettant les *marges* μ_J.

En particulier, supposons donnée, pour tout $t \in D$, une mesure ν_t de masse totale 1 sur X_t. Posons $\mu_J = \bigotimes_{t \in J} \nu_t$ pour toute partie finie J de D. Soient $J \subset J'$ deux parties finies de D et $K = J' - J$; si l'on identifie $X_{J'}$ à $X_J \times X_K$, on a $\mu_{J'} = \mu_J \otimes \mu_K$, et comme la mesure μ_K est de masse totale 1, la projection de $\mu_J \otimes \mu_K$ sur X_J est égale à μ_J. La mesure sur X admettant les marges μ_J se note $\bigotimes_{t \in D} \nu_t$ et s'appelle le *produit de la famille* $(\nu_t)_{t \in D}$. Lorsque les espaces X_t sont compacts, on retrouve la construction du chap. III, 2ᵉ éd., § 4, n° 6.

§ 5. Mesures sur les espaces complètement réguliers

Si T *est un espace topologique, et* F *un espace de Banach, la notation* $\mathscr{C}^b(T; F)$ *désigne l'espace des fonctions continues bornées sur* T *à valeurs dans* F, *muni de la norme de la convergence uniforme. Si* $F = \mathbf{R}$, *cette notation est abrégée en* $\mathscr{C}^b(T)$, *ou* $\mathscr{C}^b$ *s'il n'y a pas d'ambiguïté, et l'on désigne par* $\mathscr{C}^b_+(T)$ *ou* $\mathscr{C}^b_+$ *le cône des fonctions positives dans* $\mathscr{C}^b(T)$. *L'espace des mesures complexes bornées sur* T *sera noté* $\mathscr{M}^b(T, \mathbf{C})$, *l'espace des mesures réelles bornées* $\mathscr{M}^b(T)$ *ou* $\mathscr{M}^b$, *et le cône des mesures positives bornées* $\mathscr{M}^b_+(T)$ *ou* $\mathscr{M}^b_+$.

1. Mesures et fonctions continues bornées

Rappelons (*Top. gén.*, chap. IX, 3ᵉ éd., § 1, n° 5, déf. 4) qu'un espace topologique T est dit *complètement régulier* s'il est uniformisable et séparé. Cela équivaut à dire (*loc. cit.*, prop. 3) que T est homéomorphe à un sous-espace d'un espace compact. Si T est complètement régulier, toute fonction semi-continue inférieurement positive f sur T est l'enveloppe supérieure de l'ensemble filtrant croissant des éléments de $\mathscr{C}^b_+(T)$ majorés par f, toute fonction semi-continue supérieurement positive et bornée g est l'enveloppe inférieure de l'ensemble filtrant décroissant des éléments de $\mathscr{C}^b_+(T)$ qui majorent g (*loc. cit.*, § 1, n° 7, prop. 7). Nous aurons aussi besoin du lemme suivant:

Lemme 1. — *Soient* T *un espace complètement régulier,* K *une partie compacte de* T *et* U *une partie ouverte de* T *contenant* K.

a) Il existe une partie ouverte U′ *de* T *tel que* $K \subset U' \subset \overline{U}' \subset U$.

b) Soit f une fonction continue définie sur K *à valeurs dans un intervalle* I *de* **R** (resp. *dans* **C**). *Il existe une fonction f′ continue et bornée sur* T, *à valeurs dans* I (resp. *dans* **C**) *qui prolonge f et s'annule dans* T − U.

Il suffit de traiter le cas où T est un sous-espace d'un espace compact X. Soit V une partie ouverte de X tel que $V \cap T = U$; désignons par V′ un ensemble ouvert dans X contenant K tel que $\overline{V}' \subset V$, par g une fonction continue sur X, à valeurs dans I (resp. dans **C**) prolongeant f et nulle sur X − V (*Top. gén.*, chap. IX, 3ᵉ éd., § 4, n° 1, prop. 1). On satisfait à *a*) en prenant $U' = V' \cap T$, et à *b*) en prenant pour f' la restriction de g à T.

Proposition 1. — *Soit* T *un espace complètement régulier.*

a) Soient μ *une mesure positive sur* T, *et f une fonction numérique* $\geqslant 0$ *définie dans* T *et semi-continue inférieurement* (resp. *semi-continue supérieurement finie à support compact*). *On a alors*

$$\mu^\bullet(f) = \sup_{g \in I_f} \mu^\bullet(g) \qquad (\text{resp. } \mu^\bullet(f) = \inf_{g \in S_f} \mu(g)) \tag{1}$$

I_f (resp. S_f) *désignant l'ensemble des fonctions continues bornées telles que* $0 \leqslant g \leqslant f$ (resp. $g \geqslant f$).

b) Soient θ *une mesure complexe sur* T, *et f une fonction numérique* $\geqslant 0$ *définie dans* T *et semi-continue inférieurement. On a alors*

$$|\theta|^\bullet(f) = \sup_g |\theta(g)|, \tag{2}$$

g parcourant l'ensemble des fonctions complexes, continues, bornées et $|\theta|$*-intégrables telles que* $|g| \leqslant f$.

La première des formules (1) est évidente, car I_f est un ensemble filtrant croissant de fonctions continues dont l'enveloppe supérieure est f, et on peut appliquer la prop. 5 du § 1, n° 6. La même proposition entraînera la seconde formule, si nous montrons que S_f contient une fonction continue bornée μ-intégrable. Soient donc K le support de f et M la borne supérieure de f; comme K est compact, M est fini (*Top. gén.*, chap. IV, 3ᵉ éd., § 6, n° 2, th. 3). Soit U un ensemble ouvert contenant K et tel que $\mu^\bullet(U) < +\infty$; il existe (lemme 1) une fonction continue g à valeurs dans $[0, M]$, égale à M sur K et nulle hors de U; on a alors $g \in S_f$ et $\mu^\bullet(g) \leqslant M\mu^\bullet(U) < +\infty$.

Passons à *b*). Il suffit évidemment de montrer que l'on a $|\theta|^\bullet(f) \leqslant \sup_g |\theta(g)|$. Soient deux nombres réels a et b tels que $a < b < |\theta|^\bullet(f)$. D'après (1), il existe une fonction $h \in \mathscr{C}^b_+(T)$ telle que $h \leqslant f$ et $|\theta|^\bullet(h) > b$; désignons par M la borne supérieure de h. D'après la définition de $|\theta|^\bullet$ (§ 1, n° 2, déf. 4), il existe une partie compacte K de T telle que $|\theta|^\bullet_K(h_K) > b$. Il existe alors une fonction continue complexe j sur K telle que $|j| \leqslant h_K$ et que $|\theta_K(j)| > b$ (chap. III, 2ᵉ édit., § 1, n° 6). Choisissons un ensemble ouvert U contenant K et tel que

$|\theta|^{\bullet}(U - K) \leqslant \frac{b-a}{M}$ (§ 1, n° 9, prop. 13 et 14); prolongeons j en une fonction complexe k continue sur T, nulle hors de U (lemme 1); pour tout $t \in T$, posons

$$(3) \qquad g(t) = \begin{cases} k(t) & \text{si } |k(t)| \leqslant h(t) \\ \frac{k(t)}{|k(t)|} h(t) & \text{si } |k(t)| > h(t). \end{cases}$$

On a évidemment $|g| \leqslant h \leqslant f$, et $g = j$ dans K, donc $||\theta_K(j)| - |\theta(g)|| = ||\theta(j^0)| - |\theta(g)|| \leqslant |\theta|^{\bullet}(|j^0 - g|) \leqslant M.|\theta|^{\bullet}(U - K) \leqslant b - a$, et par conséquent $|\theta(g)| > a$. Montrons d'autre part que g est une fonction continue: comme a est assujetti seulement à la condition $a < |\theta|^{\bullet}(f)$, cela entraînera que le second membre de (2) majore le premier, d'où la proposition. Or soit F (resp. F') l'ensemble des $t \in T$ tels que $|k(t)| \leqslant h(t)$ (resp. $|k(t)| \geqslant h(t)$). Ces ensembles étant fermés, et leur réunion étant T, il nous suffit de montrer que g_F et $g_{F'}$ sont continues: or cette propriété est évidente pour $g_F = k_F$, et elle l'est pour $g_{F'}$ aux points où $k(t) \neq 0$; d'autre part, si $t \in F'$ est tel que $k(t) = 0$, on a aussi $h(t) = 0$, et l'inégalité $|g| \leqslant h$ entraîne que g est continue au point t.

Remarques. — 1) Soit f une fonction semi-continue inférieurement positive, et soit J_f l'ensemble des fonctions continues bornées positives *nulles hors d'un ouvert* μ*-intégrable* et majorées par f. On peut montrer que f est l'enveloppe supérieure de J_f et que $\mu^{\bullet}(f) = \sup_{g \in J_f} \mu(g)$.

2) Si la mesure μ est bornée, la formule $\mu^{\bullet}(f) = \inf_{g \in S_f} \mu(g)$ est évidemment valable pour toute fonction f, semi-continue supérieurement, positive et bornée.

PROPOSITION 2. — *Soient* η *et* η' *deux mesures complexes sur un espace complètement régulier* T, *telles que l'on ait* $\eta(f) = \eta'(f)$ *pour toute fonction* $f \in \mathscr{C}^b(T)$, *intégrable pour* $|\eta|$ *et* $|\eta'|$. *On a alors* $\eta = \eta'$.

Reprenons la démonstration de la seconde partie de la proposition 1, en posant $\theta = \eta - \eta'$. Nous pouvons imposer à l'ouvert U d'être intégrable pour $|\eta|$ et $|\eta'|$. La fonction g est alors intégrable pour ces deux mesures, et la relation $\theta(g) = 0$ entraîne $a < 0$; on a donc $|\theta|^{\bullet}(f) = 0$ pour toute fonction f semi-continue inférieurement positive, d'où finalement $|\theta| = 0$, en prenant $f = +\infty$.

PROPOSITION 3. — *Soit* μ *une mesure positive sur un espace complètement régulier* T, *et soit* $p \in [1, +\infty[$. *L'espace* $\mathscr{H}$ *des fonctions* $f \in \mathscr{C}^b(T)$, *dont le support est contenu dans un ouvert* μ*-intégrable, est dense dans* $\mathscr{L}^p(\mu)$.

D'après la prop. 15 du § 1, n° 10, il nous suffit de montrer que si K est compact dans T, et si g est le prolongement par 0 à T d'une fonction de $\mathscr{C}^+(K)$, comprise entre 0 et 1, il existe une fonction $f \in \mathscr{C}^b_+(T)$, à support contenu dans un ouvert μ-intégrable, et telle que $\|f - g\|_p$ soit arbitrairement petit. Or soient ε un nombre > 0, U un voisinage ouvert de K tel que $\mu^{\bullet}(U - K) < \varepsilon$, V un voisinage ouvert de K tel que $\overline{V} \subset U$, f une fonction à valeurs dans $[0, 1]$, continue, égale à g sur K et à 0 hors de V (lemme 1). La fonction $|f - g|^p$ est alors majorée par φ_{U-K}; on a donc $\|f - g\|_p \leqslant \varepsilon^{1/p}$, ce qui établit la proposition.

Remarque 3). — On a un énoncé analogue pour les fonctions à valeurs dans un espace de Banach F: le sous-espace $\mathscr{H} \otimes F$ de $\mathscr{C}^b(T; F)$ est dense dans $\mathscr{L}^p_F(\mu)$.

PROPOSITION 4. — *Pour qu'une mesure complexe bornée* θ *sur un espace complètement régulier* T *soit positive, il faut et il suffit qu'on ait* $\theta(f) \geqslant 0$ *pour toute fonction* $f \in \mathscr{C}^b_+(T)$.

La nécessité est évidente. Pour établir la suffisance, reprenons la démonstration de la proposition précédente, en prenant $p = 1$ et $\mu = |\theta|$; les notations étant les mêmes, la relation $\mu^\bullet(|f - g|) \leqslant \varepsilon$ et l'inégalité $\theta(f) \geqslant 0$ entraînent $\theta_K(g_K) = \theta(g) \geqslant -\varepsilon$; comme g_K est un élément de $\mathscr{C}(K)$ compris entre 0 et 1 arbitraire, la mesure θ_K est positive; l'ensemble compact K étant arbitraire, cela signifie que θ est positive.

2. Mesures bornées et formes linéaires sur $\mathscr{C}^b(T)$

PROPOSITION 5. — *Soient* T *un espace complètement régulier, et* I *une forme linéaire complexe continue sur l'espace normé* $\mathscr{C}^b(T; \mathbf{C})$. *Pour qu'il existe une mesure complexe bornée* θ *sur* T *telle que* $\theta(f) = I(f)$ *pour tout* $f \in \mathscr{C}^b(T; \mathbf{C})$, *il faut et il suffit que la condition suivante soit vérifiée:*

(M) *Pour tout nombre* $\varepsilon > 0$, *il existe une partie compacte* K *de* T *telle que les relations* $g \in \mathscr{C}^b(T, \mathbf{C})$, $|g| \leqslant 1$, $g_K = 0$ *entraînent* $|I(g)| \leqslant \varepsilon$.

La mesure θ *est alors unique.*

L'unicité résulte de la prop. 2 du n° 1. Montrons que la condition (M) est nécessaire. Soit θ une mesure complexe bornée; soit K un ensemble compact tel que $|\theta|^\bullet(T - K) \leqslant \varepsilon$ (§ 1, n° 2, *Remarque* 3). Les hypothèses $|g| \leqslant 1$, $g_K = 0$ entraînent $|g| \leqslant \varphi_{\complement K}$, donc $|\theta(g)| \leqslant |\theta|^\bullet(\varphi_{\complement K}) \leqslant \varepsilon$.

Passons à la démonstration de la suffisance. Soit X le compactifié de Stone–Čech de T (*Top. gén.*, chap. IX, 3e éd., § 1, n° 6). Pour toute fonction $f \in \mathscr{C}^b(X, \mathbf{C})$, posons $\nu(f) = I(f_T)$; nous définissons ainsi une forme linéaire continue ν sur $\mathscr{C}^b(X, \mathbf{C})$, c'est-à-dire une mesure complexe sur l'espace compact X. Soient ε un nombre > 0, K un ensemble compact satisfaisant à (M); la fonction $\varphi_{\complement K}$ étant semi-continue inférieurement et positive dans X, la formule (2) nous donne les relations suivantes, où $\mathscr{G}$ désigne l'ensemble des fonctions $g \in \mathscr{C}^b(X, \mathbf{C})$ telles que $|g| \leqslant \varphi_{\complement K}$:

$$|\nu|^\bullet(X - K) = \sup_{g \in \mathscr{G}} |\nu(g)| = \sup_{g \in \mathscr{G}} |I(g_T)| \leqslant \varepsilon.$$

Soit $(K_n)_{n \geqslant 1}$ une suite de parties compactes de T, telle que chaque K_n satisfasse à (M) pour $\varepsilon = 1/n$, et soit $S = \bigcup_n K_n$; S est borélien dans X, contenu dans T, et on a $|\nu|^\bullet(X - T) \leqslant |\nu|^\bullet(X - S) \leqslant |\nu|^\bullet(X - K_n) \leqslant 1/n$ pour tout n, de sorte que T est ν-mesurable et que ν est concentrée sur T. Soit f une fonction continue et bornée sur T; comme X est le compactifié de Stone–Čech de T, f se prolonge par continuité en une fonction $g \in \mathscr{C}^b(X; \mathbf{C})$. Soit alors μ la mesure induite par ν sur T; on a $\mu(f) = \nu(f^0)$[1]. Comme ν est concentrée sur T, les fonctions f^0 et g sont égales ν-presque partout, et on a donc $\mu(f) = \nu(g) = I(g_T) = I(f)$, ce qui achève la démonstration.

COROLLAIRE. — *Avec les notations de la prop.* 5, *supposons qu'il existe une mesure positive bornée* μ *sur* T *telle que* $|I(f)| \leqslant \mu(|f|)$ *pour tout* $f \in \mathscr{C}^b(T; \mathbf{C})$; *alors il existe une mesure complexe* θ *sur* T *telle que* $\theta(f) = I(f)$ *pour tout* $f \in \mathscr{C}^b(T; \mathbf{C})$.

3. Convergence étroite des mesures bornées

Soit T un espace complètement régulier; la forme bilinéaire $(f, \mu) \mapsto \int f(t)\, d\mu(t)$ sur $\mathscr{C}^b(T) \times \mathscr{M}^b(T)$ met ces deux espaces en dualité séparante. Il est clair en effet que la dualité est séparante en $\mathscr{C}^b(T)$ du fait que les mesures ε_x $(x \in T)$ appartiennent à $\mathscr{M}^b(T)$; elle est séparante en $\mathscr{M}^b(T)$ d'après la prop. 2 du n° 1.

DÉFINITION 1. — *La topologie faible sur* $\mathscr{M}^b(T)$ *associée à la dualité précédente entre* $\mathscr{C}^b(T)$ *et* $\mathscr{M}^b(T)$ *est appelée la topologie de la convergence étroite* (*ou la topologie étroite*) *sur* $\mathscr{M}^b(T)$.

La topologie étroite est séparée, d'après les remarques précédant la définition. Nous emploierons souvent l'adverbe « étroitement » pour signifier « au sens de la topologie étroite ». Sauf mention du contraire, $\mathscr{M}^b(T)$ sera muni de la topologie étroite dans toute la suite de ce paragraphe.

Tout élément de $\mathscr{C}^b(T)$ est combinaison linéaire d'éléments de $\mathscr{C}^b_+(T)$. Pour qu'un filtre $\mathfrak{F}$ sur $\mathscr{M}^b(T)$ converge étroitement vers une mesure bornée λ, il faut et il suffit qu'on ait

$$(4) \qquad \lim_{\mu} \mu(f) = \lambda(f) \quad \text{suivant } \mathfrak{F} \text{ pour toute } f \in \mathscr{C}^b_+(T).$$

Remarques. — 1) Si T est localement compact, la topologie étroite est plus fine que la topologie induite sur $\mathscr{M}^b(T)$ par la topologie vague, et ces deux topologies ne coïncident que si T est compact. En effet, si T n'est pas compact, l'application $t \mapsto \varepsilon_t$ converge vaguement vers 0 suivant le filtre des complémentaires des parties relativement compactes de T, mais ne converge pas étroitement vers 0, car la fonction 1 appartient à $\mathscr{C}^b(T)$ (pour les relations entre convergence vague et convergence étroite, voir la prop. 9).

2) Il résulte aussitôt de la prop. 4 que $\mathscr{M}^b_+(T)$ est *fermé* dans $\mathscr{M}^b(T)$.

3) Si T est complètement régulier, l'application $t \mapsto \varepsilon_t$ de T dans $\mathscr{M}^b(T)$ est un *homéomorphisme* (*Top. gén.*, chap. IX, 3e éd., § 1, n° 5).

PROPOSITION 6. — *Soit* T *un espace complètement régulier.*

a) *Soit* f *une fonction numérique* $\geqslant 0$ *semi-continue inférieurement définie dans* T; *la fonction* $\mu \mapsto |\mu|^\bullet(f)$ *est alors semi-continue inférieurement dans* $\mathscr{M}^b(T)$.

[1] Cette relation n'a été établie plus haut (§ 2, n° 1, prop. 1) que dans le cas où f et ν sont positives. L'extension à la situation présente, où f et ν sont complexes et bornées, est immédiate par linéarité.

b) Soit f une fonction semi-continue supérieurement et bornée définie dans T*; la fonction* $\mu \mapsto \mu(f)$ *est alors semi-continue supérieurement dans* $\mathscr{M}^b_+(\mathrm{T})$.

On voit en effet, d'après la prop. 1, *b*) du n° 1, que $\mu \mapsto |\mu|^\bullet(f)$ est l'enveloppe supérieure d'une famille de fonctions de la forme $\mu \mapsto |\mu(g)|$ avec $g \in \mathscr{C}^b(\mathrm{T})$, donc continues pour la topologie étroite. Ceci établit *a*). Pour prouver *b*), il suffit de choisir une constante C majorant f, et d'écrire $\mu(f) = \mu(\mathrm{C}) - \mu(\mathrm{C} - f)$; la fonction $\mu \mapsto \mu(\mathrm{C})$ est continue, et la fonction $\mu \mapsto \mu(\mathrm{C} - f)$ est semi-continue inférieurement dans $\mathscr{M}^b_+(\mathrm{T})$ d'après ce qui précède.

PROPOSITION 7. — *Soit* T *un espace complètement régulier. Soit* μ *une mesure positive bornée sur* T, *et soit f une fonction positive bornée sur* T, *telle que l'ensemble des points de* T *où f n'est pas continue soit localement μ-négligeable. L'application* $\lambda \mapsto \lambda^\bullet(f)$ *de* $\mathscr{M}^b_+(\mathrm{T})$ *dans* **R** *est alors continue au point* μ.

Pour tout $t \in \mathrm{T}$, posons $f'(t) = \liminf_{s \to t} f(s)$, $f''(t) = \limsup_{s \to t} f(s)$. On a évidemment $f' \leqslant f \leqslant f''$, avec l'égalité en tout point de T où f est continue (donc μ-presque partout). D'autre part, f' est semi-continue inférieurement, f'' est semi-continue supérieurement et bornée (*Top. gén.*, chap. IV, 3ᵉ éd., § 6, n° 2, prop. 4). On a donc les relations suivantes d'après la prop. 6,

$$\mu^\bullet(f') \leqslant \liminf_{\lambda \to \mu} \lambda^\bullet(f') \leqslant \liminf_{\lambda \to \mu} \lambda^\bullet(f) \leqslant \mu^\bullet(f) \leqslant \limsup_{\lambda \to \mu} \lambda^\bullet(f)$$
$$\leqslant \limsup_{\lambda \to \mu} \lambda^\bullet(f'') \leqslant \mu^\bullet(f'').$$

On conclut en remarquant que $\mu^\bullet(f') = \mu^\bullet(f'')$, car f' et f'' sont égales localement μ-presque partout.

PROPOSITION 8. — *Soient* X *un espace complètement régulier,* T *un sous-espace de* X, *i l'injection canonique de* T *dans* X. *Désignons par* W *l'ensemble des mesures positives bornées sur* X *concentrées sur* T, *muni de la topologie induite par* $\mathscr{M}^b(\mathrm{X})$. *L'application* $\mu \mapsto i(\mu)$ *de* $\mathscr{M}^b_+(\mathrm{T})$ *dans* $\mathscr{M}^b(\mathrm{X})$ *est alors un homéomorphisme de* $\mathscr{M}^b_+(\mathrm{T})$ *sur* W.

Notons encore i l'application $\mu \mapsto i(\mu)$ de $\mathscr{M}^b_+(\mathrm{T})$ dans $\mathscr{M}^b_+(\mathrm{X})$; i est injective (§ 2, n° 4, prop. 8), et applique $\mathscr{M}^b_+(\mathrm{T})$ dans W (§ 2, n° 3, prop. 7). Si $\lambda \in \mathrm{W}$, on a $\lambda = i(\lambda_\mathrm{T})$ (§ 2, n° 3, prop. 7, *b*)). Par conséquent, i est une bijection de $\mathscr{M}^b_+(\mathrm{T})$ sur W, et la bijection réciproque de i est l'application $r: \lambda \mapsto \lambda_\mathrm{T}$ sur W. D'autre part, i est continue: en effet, si $f \in \mathscr{C}^b(\mathrm{X})$, on a $\langle i(\mu), f \rangle = \langle \mu, f \circ i \rangle$, et $f \circ i$ appartient à $\mathscr{C}^b(\mathrm{T})$. Tout revient donc à montrer que l'on a, pour toute mesure $\mu \in \mathrm{W}$ et toute fonction $f \in \mathscr{C}^b_+(\mathrm{T})$,

$$\lim_{\substack{\lambda \to \mu \\ \lambda \in \mathrm{W}}} \lambda_\mathrm{T}(f) = \mu_\mathrm{T}(f),$$

ou encore

$$\lim_{\substack{\lambda \to \mu \\ \lambda \in \mathrm{W}}} \lambda(f^0) = \mu(f^0).$$

Soit f^∞ la fonction sur X qui coïncide avec f dans T, avec $+\infty$ dans X $-$ T, et soient f' et f'' respectivement la régularisée semi-continue supérieurement de f^0, et la régularisée semi-continue inférieurement de f^∞ (*Top. gén.*, chap. IV, 3ᵉ éd., § 6, n° 2). Les relations $f'(x) = \limsup_{y\to x} f^0(y)$, $f''(x) = \liminf_{y\to x} f^\infty(y)$ entraînent aussitôt que f' et f'' coïncident toutes deux avec f et f^0 dans T. La prop. 6 donne alors

$$\mu^\bullet(f') \geqslant \limsup_{\substack{\lambda\to\mu\\ \lambda\in W}} \lambda^\bullet(f')$$

$$\mu^\bullet(f'') \leqslant \liminf_{\substack{\lambda\to\mu\\ \lambda\in W}} \lambda^\bullet(f'').$$

Mais on peut remplacer f' et f'' par f^0 dans ces deux formules, puisque les mesures λ et μ sont portées par T; on a donc obtenu la relation cherchée.

L'énoncé de la prop. 8 ne vaut que pour des mesures *positives:* l'application $\mu \mapsto i(\mu)$ de $\mathscr{M}^b(T)$ dans $\mathscr{M}^b(X)$ est injective et continue, mais n'est en général pas un homéomorphisme de $\mathscr{M}^b(T)$ sur son image. Prenons par exemple $X = \mathbf{R}$, $T = \mathbf{R} - \{0\}$; les mesures $\lambda_t = \varepsilon_t - \varepsilon_{-t}$ $(t > 0)$ convergent étroitement vers 0 dans X lorsque t tend vers 0, mais ne convergent pas étroitement vers 0 dans T (la fonction caractéristique de $]0, +\infty[$ appartient à $\mathscr{C}^b(T)$) (cf. cependant le cor. du th. 1 du n° 5).

PROPOSITION 9. — *Soit* T *un espace localement compact, et soit* $\mathfrak{F}$ *un filtre sur* $\mathscr{M}^b_+(T)$ *qui converge vaguement vers une mesure bornée* μ. *Pour que* $\mathfrak{F}$ *converge étroitement vers* μ, *il faut et il suffit que l'on ait* $\lim_\lambda \lambda(1) = \mu(1)$ *suivant* $\mathfrak{F}$.

La condition est évidemment nécessaire. Pour montrer qu'elle est suffisante, désignons par X le compactifié d'Alexandroff de T (*Top. gén.*, chap. I, 4ᵉ éd., § 9, n° 8) et par i l'injection canonique de T dans X. D'après la prop. 8, tout revient à montrer que $\lambda \mapsto i(\lambda)$ converge étroitement vers $i(\mu)$ dans $\mathscr{M}^b(X)$ suivant $\mathfrak{F}$. Comme $\mu(1) < +\infty$, il existe un ensemble $A \in \mathfrak{F}$ tel que les masses totales des mesures de A soient bornées par un nombre M; il nous suffit donc de vérifier que l'on a

$$\lim_{\lambda, \mathfrak{F}} \int_X g\, d(i(\lambda)) = \int_X g\, d(i(\mu)) \tag{5}$$

pour des fonctions $g \in \mathscr{C}^b(X)$ qui forment un ensemble total dans $\mathscr{C}^b(X)$. Or cette égalité est satisfaite lorsque g a un support compact dans T, en raison de la convergence vague de $\mathfrak{F}$ vers μ, et d'autre part lorsque g est une fonction constante sur X, du fait que $\lim_{\lambda,\mathfrak{F}} \lambda(1) = \mu(1)$. Les fonctions des deux types précédents formant un ensemble total dans $\mathscr{C}^b(X)$ (chap. III, 2ᵉ éd., § 1, n° 2, prop. 3), cela termine la démonstration.

4. Application: propriétés topologiques de l'espace $\mathscr{M}^b_+(T)$

Remarquons d'abord que, si T est complètement régulier, $\mathscr{M}^b(T)$ est un espace vectoriel topologique séparé, donc complètement régulier. Par suite, $\mathscr{M}^b_+(T)$ est complètement régulier.

PROPOSITION 10. — *Soit* T *un espace polonais; l'espace* $\mathscr{M}^b_+(T)$ *est alors polonais pour la topologie étroite.*

Nous commencerons par traiter le cas où T est polonais et *compact*. L'ensemble U des mesures positives de masse $\leqslant 1$ est alors compact (chap. III, 2ᵉ éd., § 1, nº 9, cor. 2 de la prop. 15), et la topologie induite sur U par la topologie étroite (qui coïncide ici avec la topologie vague) est aussi induite par la topologie de la convergence simple dans un ensemble total de $\mathscr{C}(T)$ (*loc. cit.*, nº 10, prop. 17). Or, il existe dans $\mathscr{C}(T)$ un ensemble total dénombrable (*Top. gén.*, chap. X, 2ᵉ éd., § 3, nº 3, th. 1); par suite, U est un espace compact métrisable. L'ensemble V des mesures positives de masse < 1 est ouvert dans U, donc est un espace localement compact polonais. Or l'application $\mu \mapsto \frac{1}{1 + \mu(1)}\, \mu$ de $\mathscr{M}^b_+(T)$ sur V est un homéomorphisme, l'application $\lambda \mapsto \frac{1}{1 - \lambda(1)}\, \lambda$ étant l'homéomorphisme réciproque.

Passons au cas où T est polonais; on peut supposer que T est l'intersection d'une suite décroissante (G_n) d'ouverts dans un espace compact métrisable X (*Top. gén.*, chap. IX, 3ᵉ éd., § 6, nº 1, cor. 1 du th. 1); l'espace $\mathscr{M}^b_+(T)$ est alors homéomorphe au sous-espace W de $\mathscr{M}^b_+(X)$ constitué par les mesures concentrées sur T (nº 3, prop. 8), et il nous suffit de montrer que W est l'intersection d'une suite d'ouverts dans l'espace polonais $\mathscr{M}^b_+(X)$ (*loc. cit.*, cor. 1 du th. 1). Or, soit W_n l'ensemble des mesures $\mu \in \mathscr{M}^b_+(X)$ concentrées sur G_n; l'application $h_n : \mu \mapsto \mu^\bullet(X - G_n)$ sur $\mathscr{M}^b_+(X)$ est semi-continue supérieurement (nº 3, prop. 6), et l'ensemble A^n_k des mesures $\mu \in \mathscr{M}^b_+(X)$ telles que $h_n(\mu) < 1/k$ est donc ouvert pour tout $k \geqslant 1$ et tout $n \in \mathbf{N}$. On achève alors la démonstration en remarquant que $W = \bigcap_n W_n = \bigcap_{n,k} A^n_k$.

COROLLAIRE 1. — *Si* T *est un espace métrisable de type dénombrable,* $\mathscr{M}^b_+(T)$ *est métrisable de type dénombrable pour la topologie étroite.*

En effet, soit $\hat{T}$ le complété de T pour une métrique définissant la topologie de T; l'espace $\hat{T}$ est polonais, et $\mathscr{M}^b_+(T)$ est homéomorphe au sous-espace de l'espace polonais $\mathscr{M}^b_+(\hat{T})$, constitué par les mesures concentrées sur T (nº 3, prop. 8). Or tout sous-espace d'un espace polonais est métrisable de type dénombrable (*Top. gén.*, chap. IX, 3ᵉ éd., § 2, nº 8, cor. de la prop. 11).

COROLLAIRE 2. — *Si* T *est un espace souslinien* (resp. *lusinien*) *complètement régulier, l'espace* $\mathscr{M}^b_+(T)$ *est souslinien* (resp. *lusinien*).

Considérons en effet un espace polonais P et une application continue f de P sur T (*Top. gén.*, chap. IX, 3ᵉ éd., § 6, n° 2, déf. 2). Soit $\tilde{f}$ l'application continue $\mu \mapsto f(\mu)$ de $\mathscr{M}_+^b(\mathrm{P})$ dans $\mathscr{M}_+^b(\mathrm{T})$; l'espace $\mathscr{M}_+^b(\mathrm{P})$ est polonais d'après la prop. 10, et $\tilde{f}$ est surjective (§ 2, n° 4, prop. 9) ; l'espace $\mathscr{M}_+^b(\mathrm{T})$ est donc sousslinien. De même, si T est lusinien, f peut être supposée injective (*loc. cit.*, n° 4, prop. 11) ; alors $\tilde{f}$ est injective (§ 2, n° 4, prop. 8), et $\mathscr{M}_+^b(\mathrm{T})$ est donc lusinien (*loc. cit.*, n° 4, prop. 11).

Soit T un espace souslinien complètement régulier (rappelons qu'il suffit pour cela que T soit souslinien et *régulier* (*loc. cit.*, Appendice, cor. de la prop. 2)), et soit H une partie compacte de $\mathscr{M}_+^b(\mathrm{T})$; alors H est compacte et souslinienne, donc *métrisable* pour la topologie étroite (*loc. cit.*, Appendice, cor. 2 de la prop. 3).

5. Critère de compacité pour la convergence étroite

DÉFINITION 2. — *Soit* T *un espace topologique, et soit* H *une partie de* $\mathscr{M}^b(\mathrm{T})$; *on dit que* H *satisfait à la condition de Prokhorov si*

a) *on a* $\sup_{\mu \in \mathrm{H}} |\mu|(1) < +\infty$;

b) *pour tout nombre* $\varepsilon > 0$, *il existe un ensemble compact* K_ε *de* T *tel que l'on ait*

$$|\mu|(\mathrm{T} - \mathrm{K}_\varepsilon) \leqslant \varepsilon \quad \textit{pour tout mesure } \mu \in \mathrm{H}. \tag{6}$$

On peut montrer que, si T est complètement régulier, l'ensemble des conditions *a*) et *b*) est équivalent à la condition suivante : il existe une fonction réelle $f \geqslant 1$ sur T, telle que l'ensemble des points t de T satisfaisant à $f(t) \leqslant c$ soit compact pour tout $c \in \mathbf{R}_+$ (ce qui entraîne en particulier que f est semi-continue inférieurement), et telle que l'on ait $\sup_{\mu \in \mathrm{H}} |\mu|(f) < +\infty$. De plus, lorsque T est localement compact, on obtient un énoncé équivalent en imposant à f d'être continue (cf. exerc. 10).

PROPOSITION 11. — *Soit* T *un espace complètement régulier, et soit* H *une partie de* $\mathscr{M}^b(\mathrm{T})$ *qui satisfait à la condition de Prokhorov ; son adhérence* $\overline{\mathrm{H}}$ *dans* $\mathscr{M}^b(\mathrm{T})$ *satisfait alors à la condition de Prokhorov.*

En effet, les fonctions $\mu \mapsto |\mu|^\bullet(1)$, $\mu \mapsto |\mu|^\bullet(\mathrm{T} - \mathrm{K}_\varepsilon)$ sont semi-continues inférieurement dans $\mathscr{M}^b(\mathrm{T})$ d'après la prop. 6 du n° 3.

L'intérêt de la condition de Prokhorov vient du théorème suivant, dont on étudiera la réciproque plus loin (th. 2).

THÉORÈME 1 (Prokhorov). — *Soit* T *un espace complètement régulier, et soit* H *une partie de* $\mathscr{M}^b(\mathrm{T})$ *qui satisfait à la condition de Prokhorov ;* H *est alors relativement compacte dans* $\mathscr{M}^b(\mathrm{T})$ *pour la topologie étroite.*

Nous pouvons supposer que T est un sous-espace d'un espace compact X ; soit i l'injection canonique de T dans X. Nous pouvons supposer d'autre part que H est *fermée* dans $\mathscr{M}^b(\mathrm{T})$, d'après la prop. 11. Il nous suffit alors de montrer que tout ultrafiltre $\mathfrak{U}$ sur H converge dans $\mathscr{M}^b(\mathrm{T})$.

Nous commencerons par le cas où $\mathrm{H} \subset \mathscr{M}_+^b(\mathrm{T})$. Les masses totales des mesures

$\mu \in H$ étant bornées par hypothèse, $i(\mu)$ converge vaguement suivant $\mathfrak{U}$, dans $\mathscr{M}_+(X)$, vers une mesure $\nu \in \mathscr{M}_+(X)$ (chap. III, 2e éd., § 1, nº 9, cor. 2 de la prop. 15); d'après la prop. 8 du nº 3, tout revient à prouver que ν est concentrée sur T. Or, soit ε un nombre > 0, et soit K_ε une partie compacte de T satisfaisant à la formule (6). Comme $X - K_\varepsilon$ est ouvert dans X, on a d'après la prop. 6 du nº 3 appliquée dans X les inégalités

$$\nu^\bullet(X - T) \leqslant \nu^\bullet(X - K_\varepsilon) \leqslant \liminf_{\mu, \mathfrak{U}} i(\mu)^\bullet(X - K_\varepsilon) = \liminf_{\mu, \mathfrak{U}} \mu^\bullet(T - K_\varepsilon) \leqslant \varepsilon;$$

comme $\varepsilon > 0$ est arbitraire, le théorème est établi dans le cas particulier considéré.

Passons au cas général; pour toute mesure μ sur T, posons $a_1(\mu) = \mathscr{R}(\mu)^+$, $a_2(\mu) = \mathscr{R}(\mu)^-$, $a_3(\mu) = \mathscr{I}(\mu)^+$, $a_4(\mu) = \mathscr{I}(\mu)^-$; comme on a $\mu = a_1(\mu) - a_2(\mu) + ia_3(\mu) - ia_4(\mu)$, il suffit de montrer que les applications a_j $(j = 1, 2, 3, 4)$ convergent étroitement suivant $\mathfrak{U}$. Mais l'ensemble H_j des mesures $a_j(\mu)$, où μ parcourt H, satisfait à la condition de Prokhorov en vertu de la relation $|a_j(\mu)| \leqslant |\mu|$, et il est contenu dans $\mathscr{M}^b_+(T)$; il est donc relativement compact dans $\mathscr{M}^b_+(T)$ d'après le cas particulier, et le théorème en résulte aussitôt.

COROLLAIRE. — *Soit* T *un sous-espace d'un espace complètement régulier* X, *et soit* H *une partie de* $\mathscr{M}^b(T)$, *qui satisfait à la condition de Prokhorov. Si* i *désigne l'injection canonique de* T *dans* X, *la restriction à* H *de l'application* $\mu \mapsto i(\mu)$ *de* $\mathscr{M}^b(T)$ *dans* $\mathscr{M}^b(X)$ *est un homéomorphisme de* H *sur son image.*

Il suffit de traiter le cas où H est fermée (prop. 11), donc compacte; cela résulte alors du fait que $\mu \mapsto i(\mu)$ est continue et injective.

Rappelons que ce résultat vaut aussi pour une partie quelconque de $\mathscr{M}^b_+(T)$ (nº 3, prop. 8).

THÉORÈME 2. — *Soit* T *un espace localement compact, ou un espace polonais, et soit* H *une partie relativement compacte de* $\mathscr{M}^b_+(T)$; H *satisfait alors à la condition de Prokhorov.*

On peut se borner au cas où H est fermé, donc compact. Les masses totales des mesures $\mu \in H$ sont évidemment bornées, car l'application $\mu \mapsto \mu(1)$ est continue, et tout revient à prouver l'assertion *b*) de la déf. 2.

Supposons d'abord que T soit localement compact. Soit ε un nombre > 0. Associons à toute mesure $\mu \in H$ un ensemble compact K_μ dans T tel que $\mu^\bullet(T - K_\mu) < \varepsilon$, puis un voisinage ouvert relativement compact U_μ de K_μ. La fonction $\lambda \mapsto \lambda^\bullet(T - U_\mu)$ étant semi-continue supérieurement dans $\mathscr{M}^b_+(T)$ (nº 3, prop. 6), l'ensemble V^μ des mesures $\lambda \in H$ telles que $\lambda^\bullet(T - U_\mu) < \varepsilon$ est un voisinage de μ dans H. Il existe donc une partie finie H′ de H telle que les ensembles V^μ $(\mu \in H')$ recouvrent H. Si l'on désigne alors par K l'ensemble compact $\bigcup_{\mu \in H'} \overline{U}_\mu$, on a $\lambda^\bullet(T - K) < \varepsilon$ pour tout $\lambda \in H$.

Supposons ensuite que T soit polonais. Nous ne restreindrons pas la généralité en supposant que T est l'intersection d'une suite décroissante $(T_p)_{p \geqslant 1}$ d'ensembles ouverts d'un espace compact X (*Top. gén.*, chap. IX, 3e éd., § 6, n° 1, cor. du th. 1). Soit i_p l'injection de T dans T_p, et soit H_p l'ensemble des mesures de la forme $i_p(\lambda)$ pour $\lambda \in H$; comme H_p est compact dans $\mathscr{M}^b_+(T_p)$, il existe donc un ensemble compact $K_p \subset T_p$ tel qu'on ait $\nu^\bullet(T_p - K_p) \leqslant \varepsilon 2^{-p}$ pour toute mesure $\nu \in H_p$, d'après le résultat précédent appliqué à l'espace localement compact T_p. On a donc aussi $\nu^\bullet(T - (T \cap K_p)) \leqslant \varepsilon 2^{-p}$, et finalement $\lambda^\bullet(T - (T \cap K_p)) \leqslant \varepsilon 2^{-p}$ pour toute mesure $\lambda \in H$. Posons alors $K = \bigcap_p K_p$; l'ensemble K est compact et contenu dans T, et on a, pour toute mesure $\lambda \in H$, $\lambda^\bullet(T - K) \leqslant \sum_p \lambda^\bullet(T - (T \cap K_p)) \leqslant \sum_p \varepsilon 2^{-p} = \varepsilon$. La condition de Prokhorov est donc vérifiée.

6. Convergence étroite des mesures et convergence compacte des fonctions

PROPOSITION 12. — *Soit* T *un espace complètement régulier, et soit* B *la boule unité de l'espace normé* $\mathscr{C}^b(T, \mathbf{C})$. *Soit* I *une forme linéaire sur* $\mathscr{C}^b(T, \mathbf{C})$. *Pour qu'il existe une mesure complexe bornée* θ *sur* T *telle que* $I(f) = \theta(f)$ *pour tout* $f \in \mathscr{C}^b(T, \mathbf{C})$, *il faut et il suffit que la restriction de* I *à* B *soit continue pour la topologie de la convergence compacte. La mesure* θ *est alors unique.*

Montrons que la condition de l'énoncé est nécessaire. Soient θ une mesure complexe bornée sur T, ε un nombre > 0, et K une partie compacte de T telle que $|\theta|^\bullet(T - K) < \varepsilon$. Soit $f \in B$; nous noterons U le voisinage de f dans B pour la topologie de la convergence compacte, formé des fonctions $g \in B$ telles que $\sup_{x \in K} |g(x) - f(x)| \leqslant \varepsilon$. On a, pour tout $g \in U$

$$|\theta(g) - \theta(f)| \leqslant \int_T |g - f| \, d|\theta| \leqslant \varepsilon|\theta|^\bullet(K) + 2|\theta|^\bullet(T - K) \leqslant (\|\theta\| + 2)\varepsilon,$$

car $|g - f|$ est majorée par ε sur K et par 2 sur T $-$ K.

Réciproquement, considérons une forme linéaire I sur $\mathscr{C}^b(T, \mathbf{C})$, dont la restriction à B soit continue pour la topologie de la convergence compacte. Pour tout nombre $\varepsilon > 0$, il existe alors un nombre $a > 0$ et une partie compacte K de T tels que les relations $f \in B$, $\sup_{x \in K} |f(x)| \leqslant a$ entraînent $|I(f)| \leqslant \varepsilon$. La prop. 5 du n° 2 entraîne alors l'existence d'une mesure complexe bornée θ, unique, telle que $I(f) = \theta(f)$ pour tout $f \in \mathscr{C}^b(T, \mathbf{C})$.

PROPOSITION 13. — *Soient* T *un espace localement compact, et* H *une partie bornée de l'espace normé* $\mathscr{C}^b(T, \mathbf{C})$. *L'application* $(\mu, f) \mapsto \mu(f)$ *de* $\mathscr{M}^b_+(T) \times H$ *dans* $\mathbf{C}$ *est alors continue lorsqu'on munit* $\mathscr{M}^b_+(T)$ *de la topologie étroite, et* H *de la topologie de la convergence compacte.*

Soient $\mu \in \mathscr{M}^b_+(T)$, $f \in H$, et M un nombre réel tel que l'on ait $\|\mu\| < M$, et $|g| \leqslant M$ pour tout $g \in H$. Désignons par ε un nombre > 0, et choisissons une partie compacte K de T telle que $\mu^\bullet(T - K) < \varepsilon$ et un voisinage ouvert relativement compact S de K. L'ensemble U des mesures $\lambda \in \mathcal{M}^b_+(T)$ satisfaisant aux inégalités

$$\lambda^\bullet(T) < M, \qquad \lambda^\bullet(T - S) < \varepsilon, \qquad |\lambda(f) - \mu(f)| < \varepsilon,$$

est alors un voisinage de μ dans $\mathcal{M}^b_+(T)$ (n° 3, prop. 6). Par ailleurs, soit V le voisinage de f dans H constitué par les fonctions $g \in H$ telles que

$$\sup_{x \in S} |g(x) - f(x)| < \varepsilon.$$

Soient $\lambda \in U$ et $g \in V$; la fonction $|g - f|$ étant majorée par ε dans S, par 2M dans T − S, on a

$$|\lambda(g) - \lambda(f)| \leqslant \int_T |g - f| \, d\lambda \leqslant \varepsilon\lambda^\bullet(S) + 2M\lambda^\bullet(T - S) \leqslant 3M\varepsilon,$$

et on en déduit

$$|\lambda(g) - \mu(f)| \leqslant |\lambda(g) - \lambda(f)| + |\lambda(f) - \mu(f)| \leqslant (3M + 1)\varepsilon.$$

Ceci prouve la continuité de l'application $(\lambda, g) \mapsto \lambda(g)$ au point (μ, f) de $\mathcal{M}^b_+(T) \times H$.

Remarque. — Soient T un espace complètement régulier, M une partie de $\mathcal{M}^b(T)$ qui satisfait à la condition de Prokhorov, H une partie bornée de $\mathscr{C}^b(T)$. Un raisonnement très voisin de celui qui vient d'être fait permet de prouver que l'application $(\lambda, g) \mapsto \lambda(g)$ de $M \times H$ dans **C** est continue lorsqu'on munit M de la topologie étroite et H de la topologie de la convergence compacte.

COROLLAIRE. — *Soient* T *un espace complètement régulier,* X *un espace topologique, f une fonction à valeurs complexes définie dans* $T \times X$, *continue et bornée. Pour toute mesure bornée μ sur* T, *soit F_μ la fonction sur* X *définie par* $F_\mu(x) = \int_T f(t, x)\, d\mu(t)$ *pour tout* $x \in X$.

a) La fonction F_μ est continue et bornée pour toute mesure bornée μ.

b) Supposons T *localement compact. L'application $\mu \mapsto F_\mu$ de $\mathcal{M}^b_+(T)$ dans $\mathscr{C}^b(X, \mathbf{C})$ est alors continue, si l'on munit $\mathcal{M}^b_+(T)$ de la topologie étroite, et $\mathscr{C}^b(X, \mathbf{C})$ de la topologie de la convergence compacte.*

Pour tout $x \in X$, notons f_x la fonction continue et bornée $t \mapsto f(t, x)$ sur T; l'application $x \mapsto f_x$ de X dans $\mathscr{C}^b(T, \mathbf{C})$ a une image bornée, et elle est continue si l'on munit $\mathscr{C}^b(T, \mathbf{C})$ de la topologie de la convergence compacte (*Top. gén.*, chap. X, 2e éd., § 3, n° 4, th. 3). Comme on a $F_\mu(x) = \mu(f_x)$, la fonction F_μ est continue d'après la prop. 12. Supposons T localement compact; la prop. 13 montre que l'application $(\mu, x) \mapsto F_\mu(x)$ de $\mathcal{M}^b_+(T) \times X$ dans **C** est continue; l'assertion *b*) résulte de là (*loc. cit.*).

7. Application: transformation de Laplace

Dans ce n°, on note M un monoïde commutatif, dont la loi de composition est notée additivement, muni d'une topologie d'espace *localement compact* pour laquelle l'application $(m, m') \mapsto m + m'$ de $M \times M$ dans M est continue. On note 0 l'élément neutre de M. On appelle *caractère* de M toute fonction continue complexe bornée χ dans M satisfaisant aux relations

$$(7) \qquad \chi(m + m') = \chi(m).\chi(m'), \qquad \chi(0) = 1, \qquad |\chi(m)| \leqslant 1$$

pour m, m' dans M. Si χ et χ' sont deux caractères, il en est de même de $\chi\chi'$. L'ensemble des caractères de M est un monoïde noté X; on le munira de la topologie de la convergence compacte, pour laquelle l'application $(\chi, \chi') \mapsto \chi\chi'$ de $X \times X$ dans X est continue. L'élément neutre de X est la fonction constante 1.

Pour toute mesure complexe bornée μ sur M, on appelle *transformée de Laplace* de μ la fonction $\mathscr{L}\mu$ sur X définie par

$$(8) \qquad (\mathscr{L}\mu)(\chi) = \int_M \chi(m)\, d\mu(m).$$

D'après le th. 3 de *Top. gén.*, 2e éd., chap. X, § 3, n° 4, l'application $(m, \chi) \mapsto \chi(m)$ de $M \times X$ dans $\mathbf{C}$ est continue et bornée. Le corollaire de la prop. 13 du n° 6 entraîne alors le résultat suivant:

PROPOSITION 14. — *Pour toute mesure complexe bornée* μ *sur* M, *la fonction* $\mathscr{L}\mu$ *sur* X *est continue et bornée. Si l'on munit* $\mathscr{M}^b_+(M)$ *de la topologie étroite et* $\mathscr{C}^b(X; \mathbf{C})$ *de la topologie de la convergence compacte, l'application* $\mu \mapsto \mathscr{L}\mu$ *de* $\mathscr{M}^b_+(M)$ *dans* $\mathscr{C}^b(X; \mathbf{C})$ *est continue.*

L'ensemble des caractères de M qui tendent vers 0 à l'infini sera noté X_0; cet ensemble est stable par multiplication. Nous dirons qu'un sous-monoïde [1] S de X est *plein* si S est stable pour l'application $\chi \mapsto \bar{\chi}$, si $S \cap X_0$ sépare les points de M (*Top. gén.*, chap. X, 2e éd., § 4, n° 1, déf. 1) et si quel que soit $m \in M$, il existe un élément χ de $S \cap X_0$ tel que $\chi(m) \neq 0$.

Supposons de plus que M soit un *groupe* commutatif non compact. Soit f une fonction dans M qui tend vers 0 à l'infini; il en est alors de même de la fonction $x \mapsto f(x)f(-x)$ dans M, alors que tout caractère χ de M satisfait à $\chi(x)\chi(-x) = \chi(0) = 1$. Il en résulte que X_0 est vide, et que X ne contient aucun sous-monoïde plein. Le théorème 3 ci-dessous ne s'applique donc pas aux groupes localement compacts, mais non compacts.

THÉORÈME 3. — *Soit* S *un sous-monoïde plein de* X.

a) Si μ *et* μ' *sont deux mesures complexes bornées sur* M, *telles que* $\mathscr{L}\mu$ *et* $\mathscr{L}\mu'$ *aient même restriction à* $S \cap X_0$, *on a* $\mu = \mu'$.

b) Soit $\mathfrak{F}$ *un filtre sur* $\mathscr{M}^b_+(M)$, *tel que* $\mathscr{L}\lambda(s)$ *ait une limite* $\Phi(s) \in \mathbf{C}$ *suivant* $\mathfrak{F}$ *pour tout* $s \in S$. *Alors le filtre* $\mathfrak{F}$ *converge vaguement vers une mesure positive bornée* μ, *et l'on a* $\Phi(s) = \mathscr{L}\mu(s)$ *pour tout* $s \in S \cap X_0$.

c) Sous les hypothèses de b), supposons de plus que 1 *soit adhérent à* $S \cap X_0$, *et que la*

[1] Rappelons qu'un sous-monoïde d'un monoïde A contient par définition l'élément neutre de A (Alg. chap. I, 4e édition, § 1).

fonction Φ *sur* S *soit continue au point* 1. *Alors* $\mathfrak{F}$ *converge étroitement vers* μ, *et* $\Phi(s) = \mathscr{L}\mu(s)$ *pour tout* $s \in S$.

Nous noterons E l'algèbre des fonctions continues complexes tendant vers 0 à l'infini sur M et $\mathfrak{A}$ le sous-espace de E engendré par $S \cap X_0$; alors $\mathfrak{A}$ est une sous-algèbre de E stable par l'application $f \mapsto \bar{f}$; comme S est un sous-monoïde plein de X, le cor. 2 de la prop. 7 de *Top. gén.*, chap. X, § 4, n° 4 entraîne que $\mathfrak{A}$ est dense dans E.

Démontrons *a*): on a par hypothèse $\mu(f) = \mu'(f)$ pour tout $f \in \mathfrak{A}$; comme μ et μ' sont des formes linéaires continues sur E, cela entraîne $\mu(f) = \mu'(f)$ pour $f \in E$, et en particulier pour toute fonction f continue à support compact, d'où $\mu = \mu'$.

Plaçons-nous sous les hypothèses de *b*). Le nombre $\Phi(1) = \lim_{\lambda, \mathfrak{F}} \lambda(1)$ est réel positif; soit un nombre réel $a > \Phi(1)$; comme on a $\|\lambda\| = \mathscr{L}\lambda(1)$ pour $\lambda \in \mathscr{M}^b_+(M)$, la relation $\lim_{\lambda, \mathfrak{F}} \mathscr{L}\lambda(1) = \Phi(1)$ entraîne que l'ensemble H des mesures $\lambda \in \mathscr{M}^b_+(M)$ telles que $\|\lambda\| \leqslant a$ appartient à $\mathfrak{F}$. Comme $\mathscr{M}^b(M, \mathbf{C})$ s'identifie au dual de l'espace normé E (chap. III, 2e éd., § 1, n° 8 & § 1, n° 2, prop. 3), l'espace H est compact pour la topologie $\sigma(\mathscr{M}^b(M, \mathbf{C}), E)$. D'autre part (*Esp. vect. top.*, chap. III, § 3, n° 5, prop. 5), cette topologie coïncide sur H avec la topologie de la convergence simple dans une partie totale quelconque de E. En particulier, comme $\mathfrak{A}$ est dense dans E, et qu'il en est de même de l'espace des fonctions continues à support compact (chap. III, 2e éd., § 1, n° 2, prop. 3), la topologie de la convergence simple dans $S \cap X_0$ coïncide sur H avec la topologie vague, et H est compact pour cette topologie. Il en résulte aussitôt que $\mathfrak{F}$ converge vaguement vers une mesure $\mu \in H$, et que $\mathscr{L}\mu(s) = \lim_{\lambda, \mathfrak{F}} \mathscr{L}\lambda(s)$ pour tout $s \in S \cap X_0$.

Passons enfin à *c*). Comme les fonctions Φ et $\mathscr{L}\mu$ sont continues au point $1 \in S$, égales dans $S \cap X_0$, et comme 1 est adhérent à $S \cap X_0$, on a $\Phi(1) = \mathscr{L}\mu(1)$. Autrement dit, on a $\lim_{\lambda, \mathfrak{F}} \lambda(1) = \mu(1)$. La prop. 9 du n° 3 montre alors que μ est limite étroite du filtre $\mathfrak{F}$. Tout élément de S étant une fonction continue bornée sur M, cela entraîne $\Phi(s) = \lim_{\lambda, \mathfrak{F}} \lambda(s) = \mu(s) = \mathscr{L}\mu(s)$ pour tout $s \in S$.

COROLLAIRE. — *Soit* S *un sous-monoïde plein de* X, *tel que* 1 *soit adhérent à* $S \cap X_0$. *Soit* L *le sous-ensemble de* $\mathscr{C}^b(S; \mathbf{C})$ *constitué par les restrictions à* S *des transformées de Laplace des mesures* $\lambda \in \mathscr{M}^b_+(M)$.

a) *L'ensemble* L *est fermé dans l'espace* $\mathscr{C}^b(S; \mathbf{C})$ *muni de la topologie de la convergence simple.*

b) *L'application* $\lambda \mapsto (\mathscr{L}\lambda)_S$ *est un homéomorphisme de* $\mathscr{M}^b_+(M)$ *sur* L, *si l'on munit* $\mathscr{M}^b_+(M)$ *de la topologie étroite et* L *de la topologie de la convergence simple.*

c) *La topologie de la convergence simple et la topologie de la convergence compacte coïncident dans* L.

Les assertions *a*) et *b*) sont des conséquences immédiates du th. 3; l'assertion *c*) résulte de *b*) et de la prop. 14, car la topologie de la convergence compacte est plus fine que celle de la convergence simple.

On prendra garde que L n'est pas fermé dans l'ensemble de toutes les fonctions complexes bornées sur S, muni de la topologie de la convergence simple. Prenons par exemple les notations de l'*Exemple* 2 ci-dessous ($M = \mathbf{R}_+$, S identifié à $\mathbf{R}_+$). Les transformées de Laplace des mesures ε_n ($n \in \mathbf{N}$) sont les fonctions $t \mapsto e^{-nt}$ sur $\mathbf{R}_+$; lorsque n tend vers $+\infty$, ces fonctions convergent simplement vers la fonction égale à 1 pour $t = 0$, à 0 pour $t \neq 0$, qui n'appartient pas à L.

Exemple 1). — Prenons pour M l'ensemble **N** des entiers positifs, muni de la loi d'addition et de la topologie discrète. Soit D le disque unité de **C** (ensemble des nombres complexes de module $\leqslant 1$) muni de la topologie induite par **C** et de la loi induite par la multiplication. Pour tout $z \in D$, notons $f(z)$ le caractère $n \mapsto z^n$ de **N**. Pour tout caractère χ de **N**, notons $g(\chi)$ le nombre complexe $\chi(1) \in D$. On vérifie aussitôt que f et g sont des homéomorphismes réciproques entre D et X, et cela nous permettra, dans la suite, d'*identifier* X et D. L'ensemble des caractères tendant vers 0 à l'infini s'identifie alors à l'ensemble D_0 des nombres complexes de valeur absolue < 1. Enfin, l'intervalle $]0, 1]$ de **R** est un sous monoïde plein de D et 1 est adhérent à $]0, 1] \cap D_0 =]0, 1[$.

Toute mesure μ sur **N** s'écrit de manière unique sous la forme $\mu = \sum_{n \in \mathbf{N}} u_n . \varepsilon_n$ et μ est bornée si et seulement si $\sum_n |u_n| < +\infty$; on a alors $\mathscr{L}\mu(z) = \sum_{n \in \mathbf{N}} u_n z^n$ pour $z \in D$. Cette fonction est continue sur D; il est d'usage de l'appeler la *fonction génératrice* de la suite sommable $(u_n)_{n \in \mathbf{N}}$. Transcrit dans ce langage, le th. 3 nous donne le résultat suivant (compte tenu de la prop. 9 du n° 3):

PROPOSITION 15. — *Soit* A *un ensemble muni d'un filtre* $\mathfrak{F}$. *Pour tout* $\alpha \in A$, *soit* $(u_{\alpha,n})_{n \in \mathbf{N}}$ *une suite sommable de nombres positifs, et soit* Φ_α *la fonction définie dans l'intervalle* $]0, 1]$ *de* **R** *par* $\Phi_\alpha(x) = \sum_{n \in \mathbf{N}} u_{\alpha,n} x^n$. *Pour qu'il existe une suite sommable* $(u_n)_{n \in \mathbf{N}}$ *de nombres positifs telle que l'on ait*

$$\lim_{\alpha, \mathfrak{F}} u_{\alpha,n} = u_n \quad \textit{pour tout } n, \qquad \lim_{\alpha, \mathfrak{F}} \sum_{n \in \mathbf{N}} u_{\alpha,n} = \sum_{n \in \mathbf{N}} u_n,$$

il faut et il suffit que Φ_α *converge simplement dans* $]0, 1]$, *suivant* $\mathfrak{F}$, *vers une fonction* Φ *continue au point* 1. *On a dans ce cas* $\Phi(x) = \sum_{n \in \mathbf{N}} u_n x^n$ *pour tout* $x \in]0, 1]$.

On a des résultats analogues en prenant pour M le monoïde $\mathbf{N}^n$, où n désigne un entier > 1; l'espace X s'identifie alors à D^n, et l'on peut choisir $]0, 1]^n$ comme sous-monoïde plein. Nous laisserons au lecteur le soin de transcrire le th. 3 dans ce cas.

Exemple 2). — Prenons pour M l'ensemble $\mathbf{R}_+$, muni de la loi d'addition et de la topologie usuelle. Soit P l'ensemble des nombres complexes z de partie réelle positive, muni de la topologie induite par **C** et de la loi induite par l'addition dans **C**. Pour tout $p \in P$, désignons alors par $f(p)$ le caractère $x \mapsto e^{-px}$ de $\mathbf{R}_+$; il est aisé de vérifier que f est un isomorphisme de la structure de monoïde topologique de P sur celle de X; nous identifierons X à P au moyen de f. Il est clair que $\mathbf{R}_+$ est un sous-monoïde plein de P, et le th. 3 nous donne le résultat suivant.

PROPOSITION 16. — *Soit* A *un ensemble muni d'un filtre* $\mathfrak{F}$. *Pour tout* $\alpha \in A$, *soit* μ_α *une mesure positive bornée sur* $\mathbf{R}_+$, *et soit* Φ_α *la fonction définie sur* $\mathbf{R}_+$ *par* $\Phi_\alpha(p) = \int_0^{+\infty} e^{-px}\, d\mu_\alpha(x)$. *Pour que l'application* $\alpha \mapsto \mu_\alpha$ *converge étroitement suivant* $\mathfrak{F}$ *vers une mesure positive bornée* μ, *il faut et il suffit que* Φ_α *converge simplement dans* $\mathbf{R}_+$, *suivant* $\mathfrak{F}$, *vers une fonction* Φ *continue au point* 0. *On a dans ce cas* $\Phi(p) = \int_0^{+\infty} e^{-px}\, d\mu(x)$ *pour tout* $p \in \mathbf{R}_+$.

On a des résultats analogues pour les monoïdes additifs $\mathbf{R}_+^n$ (n entier > 1); nous laisserons au lecteur la transcription du th. 3 dans ce cas.

§ 6. Promesures et mesures sur un espace localement convexe

Dans tout ce paragraphe, on ne considère que des espaces vectoriels sur le corps des nombres réels. Par espace localement convexe, on entend un espace vectoriel topologique séparé et localement convexe sur **R**. *Le dual topologique d'un espace localement convexe* E *sera noté* E'; *pour* $x \in E$ *et* $x' \in E'$, *on posera* $\langle x, x' \rangle = x'(x)$.

1. Promesures sur un espace localement convexe

Soit E un espace localement convexe. On note $\mathscr{F}(E)$ l'ensemble des sous-espaces vectoriels fermés de codimension finie de E, ordonné par la relation $\supset$. Pour tout $V \in \mathscr{F}(E)$, on note p_V l'application canonique de E sur E/V. Soient V et W deux éléments de $\mathscr{F}(E)$ tels que $V \supset W$; on note p_{VW} l'application de E/W dans E/V déduite par passage aux quotients de l'application identique de E. La famille $\mathscr{Q}(E) = (E/V, p_{VW})$ est un système projectif d'espaces localement convexes, indexé par $\mathscr{F}(E)$. On l'appelle le *système projectif des quotients de dimension finie de* E.

On peut montrer que la limite projective du système projectif $\mathscr{Q}(E)$ est canoniquement isomorphe au dual algébrique E'^* de E', muni de la topologie faible $\sigma(E'^*, E')$.

DÉFINITION 1. — *Soit* E *un espace localement convexe. On appelle promesure sur* E *tout système projectif de mesures* (§ 4, n° 2, déf. 1) *sur le système projectif des quotients de dimension finie de* E.

En d'autres termes, une promesure μ sur E est une famille $(\mu_V)_{V \in \mathscr{F}(E)}$, où μ_V

est une mesure (positive) bornée sur l'espace de dimension finie E/V, et où $\mu_V = p_{VW}(\mu_W)$ lorsque $V \supset W$. Toutes les mesures μ_V ont la même masse totale que l'on appelle la *masse totale* de la promesure μ.

Pour qu'un sous-espace V de E appartienne à $\mathscr{F}(E)$, il faut et il suffit qu'il existe un nombre fini d'éléments $x'_1, \ldots, x'_n$ de E' tels que V se compose des $x \in E$ satisfaisant à $\langle x, x'_i \rangle = 0$ pour $1 \leqslant i \leqslant n$ (*Esp. vect. top.*, chap. II, 2e éd., § 6, n° 3, cor. 2 du th. 1 et n° 5, cor. 2 de la prop. 7). De plus, il existe sur un espace vectoriel de dimension finie une seule topologie séparée d'espace vectoriel topologique (*loc. cit.*, chap. I, § 2, n° 3, th. 2). Par suite, la notion de promesure sur E ne dépend que du dual E' de E.

Soit λ une mesure bornée sur E. Pour tout $V \in \mathscr{F}(E)$, notons $\tilde{\lambda}_V$ l'image de λ par l'application canonique p_V de E sur E/V. On a $p_V = p_{VW} \circ p_W$ pour deux éléments V et W de $\mathscr{F}(E)$ tels que $V \supset W$; par suite, la famille $\tilde{\lambda} = (\tilde{\lambda}_V)_{V \in \mathscr{F}(E)}$ est une promesure sur E. Nous dirons que $\tilde{\lambda}$ est la promesure *associée* à la mesure λ. On voit immédiatement que λ et $\tilde{\lambda}$ ont même masse totale.

Proposition 1. — *Soit* E *un espace localement convexe. L'application* $\lambda \mapsto \tilde{\lambda}$ *est une bijection de l'ensemble des mesures bornées sur* E *sur l'ensemble des promesures* $(\mu_V)_{V \in \mathscr{F}(E)}$ *sur* E *satisfaisant à la condition suivante :*

Pour tout $\varepsilon > 0$, *il existe une partie compacte* K *de* E *telle que l'on ait* $\mu_V(E/V - p_V(K)) \leqslant \varepsilon$ *pour tout* $V \in \mathscr{F}(E)$.

On sait que l'intersection des noyaux des formes linéaires continues sur E est égale à 0 (*Esp. vect. top.*, chap. II, 2e éd., § 4, n° 2, cor. 1 de la prop. 2); on a par suite $\bigcap_{V \in \mathscr{F}(E)} V = \{0\}$ et la famille $(p_V)_{V \in \mathscr{F}(E)}$ est cohérente et séparante. La proposition résulte alors du th. 1 du § 4, n° 2.

En particulier, l'application $\lambda \mapsto \tilde{\lambda}$ est injective. Si μ est une promesure sur E, et s'il existe une mesure bornée λ sur E telle que $\mu = \tilde{\lambda}$, nous dirons par abus de langage que μ est une mesure. Si E est de dimension finie, toute promesure $\mu = (\mu_V)_{V \in \mathscr{F}(E)}$ est une mesure: en effet, on a $\{0\} \in \mathscr{F}(E)$, $E/\{0\} = E$ et $p_{V,\{0\}} = p_V$, d'où $\mu_V = p_V(\mu_{\{0\}})$ pour tout $V \in \mathscr{F}(E)$; autrement dit, on a $\mu = \tilde{\lambda}$ avec $\lambda = \mu_{\{0\}}$.

Proposition 2. — *Soient* T *un ensemble dénombrable, et* E *l'espace des fonctions réelles sur* T, *muni de la topologie de la convergence simple. Toute promesure sur* E *est une mesure.*

Pour tout $t \in T$, soit ε_t la forme linéaire $f \mapsto f(t)$ sur E. On sait (*Esp. vect. top.*, chap. II, 2e éd., § 6, n° 6, cor. 2 de la prop. 8) que la famille $(\varepsilon_t)_{t \in T}$ est une base de l'espace vectoriel E'. On note par ailleurs Φ l'ensemble des parties finies de T, et pour tout $J \in \Phi$, on note E_J l'ensemble des fonctions sur T nulles en tout point de J. Soit $F \in \mathscr{F}(E)$; comme l'orthogonal F^0 de F est un sous-espace de dimension finie de E', il existe $J \in \Phi$ telle que F^0 soit contenu dans le sous-espace G de E' engendré par les ε_t pour $t \in J$. Comme $F^0 \subset G$, on a

$$E_J = G^0 \subset F^{00} = F$$

et la famille *dénombrable* $(E_J)_{J \in \Phi}$ est cofinale dans $\mathscr{F}(E)$. La prop. résulte alors du th. 2 du § 4, nº 3.

2. Image d'une promesure

Soient E et E_1 deux espaces localement convexes, et u une application linéaire continue de E dans E_1. Pour tout $V_1 \in \mathscr{F}(E_1)$, le sous-espace $V = u^{-1}(V_1)$ de E appartient à $\mathscr{F}(E)$, et u définit par passage aux quotients une application linéaire u_{V_1} de E/V dans E_1/V_1. Soient V_1 et W_1 dans $\mathscr{F}(E_1)$ tels que $V_1 \supset W_1$; posons $V = u^{-1}(V_1)$ et $W = u^{-1}(W_1)$. On a $V \supset W$ et un diagramme commutatif

$$\begin{array}{ccccc} E & \xrightarrow{p_W} & E/W & \xrightarrow{p_{VW}} & E/V \\ {\scriptstyle u}\downarrow & & \downarrow{\scriptstyle u_{W_1}} & & \downarrow{\scriptstyle u_{V_1}} \\ E_1 & \xrightarrow{p_{W_1}} & E_1/W_1 & \xrightarrow{p_{V_1W_1}} & E_1/V_1. \end{array}$$

Soit alors $\mu = (\mu_V)_{V \in \mathscr{F}(E)}$ une promesure sur E. Pour tout $V_1 \in \mathscr{F}(E_1)$, posons

(1) $$\nu_{V_1} = u_{V_1}(\mu_{u^{-1}(V_1)}).$$

La commutativité du diagramme précédent montre que la famille $\nu = (\nu_{V_1})_{V_1 \in \mathscr{F}(E_1)}$ est une promesure sur E_1. On dit que ν *est l'image de* μ *par* u, et on la note $u(\mu)$.

Soient λ une mesure bornée sur E et $u(\lambda)$ la mesure sur E_1 image de λ par u. Si la promesure μ est associée à λ, la promesure $u(\mu)$ est associée à $u(\lambda)$. Cela résulte de la commutativité du diagramme précédent.

Soit $V \in \mathscr{F}(E)$. Il est immédiat que la promesure sur E/V image de la promesure μ par l'application canonique $p_V : E \to E/V$ est associée à la mesure μ_V.

Soit u_1 une application linéaire continue de E_1 dans un espace localement convexe E_2. On établit sans peine la relation $(u_1 \circ u)(\mu) = u_1(u(\mu))$ (« transitivité de l'image des promesures »).

3. Transformée de Fourier d'une promesure

Soient E un espace localement convexe et $\mu = (\mu_V)_{V \in \mathscr{F}(E)}$ une promesure sur E. Pour toute forme linéaire continue x' sur E, on note $\mu_{x'}$ la mesure sur **R** image par x' de la promesure μ sur E. La transformée de Fourier de μ est la fonction $\mathscr{F}\mu$ sur E' définie par

(2) $$(\mathscr{F}\mu)(x') = \int_{\mathbf{R}} e^{it}\, d\mu_{x'}(t).$$

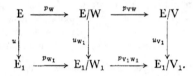

Soit λ une mesure bornée sur E. La transformée de Fourier de λ est la fonction sur E' définie par

$$(3) \qquad (\mathscr{F}\lambda)(x') = \int_{\mathrm{E}} e^{i\langle x, x'\rangle}\, d\lambda(x).$$

Soit μ la promesure associée à λ. Pour tout $x' \in \mathrm{E}'$, la mesure $\mu_{x'}$ sur $\mathbf{R}$ est l'image par $x' : \mathrm{E} \to \mathbf{R}$ de la mesure λ sur E; des formules (2) et (3), on déduit aussitôt $\mathscr{F}\mu = \mathscr{F}\lambda$.

Soient μ une promesure quelconque sur E, u une application linéaire continue de E dans un espace localement convexe E_1. Notons ${}^t u$ l'application linéaire de E'_1 dans E' transposée de u et ν la promesure $u(\mu)$ sur E_1. Pour tout $x'_1 \in \mathrm{E}'_1$, on a ${}^t u(x'_1) = x'_1 \circ u$, d'où

$$\nu_{x'_1} = x'_1(\nu) = x'_1(u(\mu)) = (x'_1 \circ u)(\mu) = \mu_{{}^t u(x'_1)}.$$

On a par suite

$$(4) \qquad \mathscr{F}(u(\mu)) = (\mathscr{F}\mu) \circ {}^t u.$$

En particulier, prenons pour u l'application canonique p_{V} de E sur E/V (pour $\mathrm{V} \in \mathscr{F}(\mathrm{E})$). La promesure $p_{\mathrm{V}}(\mu)$ sur E/V est associée à la mesure μ_{V}, et ${}^t p_{\mathrm{V}}$ est un isomorphisme du dual de E/V sur le sous-espace V^0 de E' orthogonal à V. Si nous identifions (E/V)' à V^0 par ${}^t p_{\mathrm{V}}$, on a

$$(5) \qquad (\mathscr{F}\mu)(x') = \int_{\mathrm{E/V}} e^{i\langle x, x'\rangle}\, d\mu_{\mathrm{V}}(x)$$

pour tout $x' \in \mathrm{V}^0$. On a $\mathrm{E}' = \bigcup_{\mathrm{V} \in \mathscr{F}(\mathrm{E})} \mathrm{V}^0$, de sorte que la formule précédente caractérise la fonction $\mathscr{F}\mu$ sur E'. Enfin, si l'on fait $x' = 0$ dans (5), on voit que la masse totale de μ est égale à $(\mathscr{F}\mu)(0)$.

PROPOSITION 3. — *Soit* E *un espace localement convexe. L'application* $\mu \mapsto \mathscr{F}\mu$ *de l'ensemble des promesures sur* E *dans l'ensemble des fonctions sur* E' *est injective.*

La formule (5) permet de se ramener au cas où E est de dimension finie; comme tout espace de dimension finie est isomorphe à un espace $\mathbf{R}^n$, nous pouvons même supposer qu'il existe un entier $n \geqslant 0$ tel que $\mathrm{E} = \mathbf{R}^n$. Nous avons donc à prouver que si μ est une mesure bornée (non nécessairement positive) sur $\mathbf{R}^n$ et si

$$\int_{\mathbf{R}^n} e^{i\langle x, y\rangle}\, d\mu(x) = 0$$

pour toute forme linéaire y sur $\mathbf{R}^n$, on a $\mu = 0$.

Pour tout entier $m \geqslant 0$, soit G_m le sous-groupe $m.\mathbf{Z}^n$ de $\mathbf{R}^n$. On note $\mathscr{C}_m$ l'espace vectoriel des fonctions continues f sur $\mathbf{R}^n$ telles que $f(x + a) = f(x)$ pour $x \in \mathbf{R}^n$ et $a \in \mathrm{G}_m$. D'après la prop. 8 de *Top. gén.*, chap. X, 2e éd., § 4, n° 4, toute fonction de $\mathscr{C}_m$ est limite uniforme de combinaisons linéaires finies de fonctions du type $x \mapsto e^{2\pi i\langle x, q\rangle}$ avec $q \in m^{-1}.\mathbf{Z}^n$. On a donc $\mu(f) = 0$ pour toute fonction $f \in \mathscr{C}_m$.

Soit f une fonction continue à support compact sur $\mathbf{R}^n$. Pour tout entier $m \geqslant 0$, posons $f_m(x) = \sum_{q \in G_m} f(x + q)$. Il est immédiat que pour tout $x \in \mathbf{R}^n$, la série précédente n'a qu'un nombre fini de termes, et que f_m appartient à $\mathscr{C}_m$. De plus, on voit facilement que la suite (f_m) tend uniformément vers f sur tout compact, et qu'il existe une constante $C \geqslant 0$ telle que $|f_m| \leqslant C$ pour tout m. On a par suite $\mu(f) = \lim_{m \to \infty} \mu(f_m)$ d'après la prop. 12 du § 5, n° 6. Comme on a $f_m \in \mathscr{C}_m$, on a $\mu(f_m) = 0$, d'où finalement $\mu(f) = 0$. On a donc $\mu = 0$.

**Remarque.* — Lorsque E est de dimension finie, tout caractère de E est de la forme $x \mapsto e^{i\langle x, x' \rangle}$ avec $x' \in E'$ (*Théor. spect.*, chap. II, § 1, n° 9, cor. 3 de la prop. 12). La prop. 3 résulte dans ce cas du théorème d'unicité pour la transformation de Fourier (*loc. cit.*, § 1, n° 6, cor. de la prop. 6).*

4. Calculs d'intégrales gaussiennes

Lemme 1. — *Pour tout entier $n \geqslant 0$, on a*

$$\int_{\mathbf{R}} |x|^n e^{-x^2/2}\, dx = 2^{\frac{n+1}{2}} \Gamma\left(\frac{n+1}{2}\right) \tag{6}$$

$$\int_{\mathbf{R}} x^{2n} e^{-x^2/2}\, dx = (2\pi)^{1/2} \frac{(2n)!}{2^n n!} \tag{7}$$

$$\int_{\mathbf{R}} x^{2n+1} e^{-x^2/2}\, dx = 0. \tag{8}$$

Rappelons la formule

$$\Gamma(s) = \int_0^\infty u^{s-1} e^{-u}\, du \tag{9}$$

valable pour tout nombre réel $s > 0$ (*Fonct. var. réelle*, chap. VII, § 1, n° 3, prop. 3). En faisant le changement de variable $x = (2u)^{1/2}$, il vient d'après (9)

$$\int_0^\infty x^n e^{-x^2/2}\, dx = \int_0^\infty (2u)^{n/2} e^{-u} \tfrac{1}{2} 2^{1/2} u^{-1/2}\, du = 2^{\frac{n-1}{2}} \Gamma\left(\frac{n+1}{2}\right),$$

d'où la formule (6) puisque l'on a

$$\int_{\mathbf{R}} |x|^n e^{-x^2/2}\, dx = 2 \int_0^\infty x^n e^{-x^2/2}\, dx.$$

La formule (7) résulte de (6) et de la relation

$$\Gamma\left(n + \frac{1}{2}\right) = \pi^{1/2} \frac{(2n)!}{2^{2n} n!}. \tag{10}$$

Pour $n = 0$, cette relation se réduit à $\Gamma(\frac{1}{2}) = \pi^{1/2}$, c'est-à-dire à la formule (21) de *Fonct. var. réelle*, chap. VII, § 1, n° 3. Le cas général s'en déduit par récurrence sur n en tenant compte de la relation $\Gamma(x+1) = x.\Gamma(x)$ (*loc. cit.*, § 1, n° 1).

Enfin, la formule (8) résulte de ce que la fonction $x \mapsto x^{2n+1}e^{-x^2/2}$ est impaire.

Lemme 2. — *Pour tout nombre complexe* y, *on a*

(11) $$(2\pi)^{-1/2} \int_{\mathbf{R}} e^{-x^2/2} e^{ixy}\, dx = e^{-y^2/2}.$$

En particulier, on a

$$(2\pi)^{-1/2} \int_{\mathbf{R}} e^{-x^2/2}\, dx = 1.$$

Le changement de variable $x \mapsto -x$ donne

$$(2\pi)^{-1/2} \int_{\mathbf{R}} e^{-x^2/2} e^{ixy}\, dx = (2\pi)^{-1/2} \int_{\mathbf{R}} e^{-x^2/2} e^{-ixy}\, dx;$$

comme on a $\cos u = \dfrac{e^{iu} + e^{-iu}}{2}$ pour tout nombre complexe u, on en déduit

(12) $$(2\pi)^{-1/2} \int_{\mathbf{R}} e^{-x^2/2} e^{ixy}\, dx = (2\pi)^{-1/2} \int_{\mathbf{R}} e^{-x^2/2} \cos xy\, dx.$$

Pour tout entier $n \geqslant 0$, posons

$$g_n(x) = (-1)^n (2\pi)^{-1/2} \frac{(xy)^{2n}}{(2n)!} e^{-x^2/2}.$$

D'après (7), on a

(13) $$\int_{\mathbf{R}} |g_n(x)|\, dx = \frac{1}{n!}\left(\frac{|y|^2}{2}\right)^n$$

(14) $$\int_{\mathbf{R}} g_n(x)\, dx = \frac{1}{n!}\left(-\frac{y^2}{2}\right)^n,$$

d'où

$$\sum_{n=0}^{\infty} \int_{\mathbf{R}} |g_n(x)|\, dx = e^{|y|^2/2} < +\infty.$$

Comme on a par ailleurs

$$(2\pi)^{-1/2} e^{-x^2/2} \cos xy = \sum_{n=0}^{\infty} g_n(x),$$

on peut intégrer terme à terme cette égalité, d'où

$$(2\pi)^{-1/2} \int_{\mathbf{R}} e^{-x^2/2} \cos xy\, dx = \sum_{n=0}^{\infty} \int_{\mathbf{R}} g_n(x)\, dx = e^{-y^2/2}$$

d'après (14). La formule (11) résulte alors de (12).

5. Promesures et mesures gaussiennes

PROPOSITION 4. — *Soit* E *un espace localement convexe. Pour toute forme quadratique positive* Q *sur* E′, *il existe une promesure* Γ_Q *sur* E *et une seule, telle que* $\mathscr{F}\Gamma_Q = e^{-Q/2}$. *La masse totale de* Γ_Q *est égale à* 1.

L'*unicité* de Γ_Q résulte de la proposition 3 du n° 3. La masse totale de Γ_Q est égale à $(\mathscr{F}\Gamma_Q)(0) = e^{-Q(0)/2} = 1$. Nous démontrons l'*existence* par étapes.

A) E *est de dimension finie n et* Q *est non dégénérée.*

D'après le lemme 2 du n° 4, la mesure γ_1 sur **R** admettant la densité $t \mapsto (2\pi)^{-1/2} e^{-t^2/2}$ est bornée, de masse totale 1. Posons $\gamma = \gamma_1 \otimes \cdots \otimes \gamma_1$ (n facteurs). Du lemme 2 du n° 4, on déduit

$$\begin{aligned}\int_{\mathbf{R}^n} e^{i(a_1t_1 + \cdots + a_nt_n)}\, d\gamma(t_1, \ldots, t_n) &= \prod_{j=1}^{n} \int_{\mathbf{R}} e^{ia_jt}\, d\gamma_1(t)\\ &= \prod_{j=1}^{n} (2\pi)^{-1/2} \int_{\mathbf{R}} e^{ia_jt}\, e^{-t^2/2}\, dt\\ &= \prod_{j=1}^{n} e^{-a_j^2/2}\\ &= \exp\left(-\tfrac{1}{2}(a_1^2 + \cdots + a_n^2)\right).\end{aligned}$$

Comme Q est positive et non dégénérée, il existe une base $(e'_1, \ldots, e'_n)$ de E′ orthonormale pour Q (*Alg.*, chap. IX, § 7, n° 1). Notons f l'isomorphisme $x \mapsto (e'_1(x), \ldots, e'_n(x))$ de E sur $\mathbf{R}^n$ et Γ_Q la mesure $f^{-1}(\gamma)$ sur E. Soit $x' = a_1e'_1 + \cdots + a_ne'_n$ dans E′; on a $x'(f^{-1}(t_1, \ldots, t_n)) = \sum_{j=1}^{n} t_ja_j$ pour $t_1, \ldots, t_n$ réels, d'où

$$\begin{aligned}\int_{\mathrm{E}} e^{i\langle x, x'\rangle}\, d\Gamma_Q(x) &= \int_{\mathbf{R}^n} e^{i(a_1t_1 + \cdots + a_nt_n)}\, d\gamma(t_1, \ldots, t_n)\\ &= \exp\left(-\tfrac{1}{2}(a_1^2 + \cdots + a_n^2)\right) = \exp\left(-\tfrac{1}{2}Q(x')\right).\end{aligned}$$

Par suite, on a $\mathscr{F}\Gamma_Q = e^{-Q/2}$.

B) E *est de dimension finie.*

Soit N le sous-espace vectoriel de E′ formé des x' tels que $Q(x') = 0$. Notons M l'orthogonal de N dans E et j l'injection canonique de M dans E. L'application linéaire ${}^tj$: E′ → M′ est surjective, de noyau N, et il existe donc sur M′ une forme quadratique positive non dégénérée q telle que $Q = q \circ {}^tj$. D'après ce qui précède, il existe sur M une mesure bornée Γ telle que $\mathscr{F}\Gamma = e^{-q/2}$. Si l'on pose $\Gamma_Q = j(\Gamma)$, on a

$$\mathscr{F}\Gamma_Q = (\mathscr{F}\Gamma) \circ {}^tj = \exp(-q \circ {}^tj/2) = e^{-Q/2}$$

d'après la formule (4) du n° 3.

C) *Cas général.*

Soit $V \in \mathscr{F}(E)$. Notons p_V l'application canonique de E sur E/V et Q_V la forme quadratique positive $Q \circ {}^t p_V$ sur $(E/V)'$; enfin, soit μ_V la mesure sur E/V de transformée de Fourier $e^{-Q_V/2}$ (cf. B)). Si $W \in \mathscr{F}(E)$ est contenu dans V, on a $p_V = p_{VW} \circ p_W$, d'où $Q_V = Q_W \circ {}^t p_{VW}$; d'après la formule (4) du n° 3, la mesure $p_{VW}(\mu_W)$ a pour transformée de Fourier la fonction $(e^{-Q_W/2}) \circ {}^t p_{VW} = e^{-Q_V/2}$, donc est égale à μ_V. La famille $(\mu_V)_{V \in \mathscr{F}(E)}$ est donc une promesure μ sur E. La formule (5) du n° 3 montre que $\mathscr{F}\mu$ est égale à $e^{-Q/2}$.

DÉFINITION 2. — *Soit* E *un espace localement convexe. Pour toute forme quadratique positive* Q *sur* E′, *on appelle promesure gaussienne de variance* Q *sur* E, *et l'on note* Γ_Q, *la promesure sur* E *dont la transformée de Fourier est égale à* $e^{-Q/2}$. *On dit qu'une promesure* μ *sur* E *est gaussienne s'il existe une forme quadratique positive* Q *sur* E′ *telle que* $\mu = \Gamma_Q$.

Par abus de langage, on dira qu'une mesure bornée μ sur E est gaussienne de variance Q si la promesure associée $\tilde{\mu}$ est égale à Γ_Q.

Remarques. — 1) Soit E un espace vectoriel de dimension finie, et soit μ une mesure positive de masse 1 sur E, telle que toute forme linéaire sur E appartienne à $\mathscr{L}^2(E, \mu)$. On définit un élément m de E et une forme quadratique positive V sur E′ par les formules

$$\langle m, x' \rangle = \int_E \langle x, x' \rangle \, d\mu(x), \qquad V(x') = \int_E \langle x - m, x' \rangle^2 \, d\mu(x).$$

Dans la terminologie traditionnelle du Calcul des Probabilités, m s'appelle la *moyenne* et V la *variance* de μ; on dit que μ est *centrée* si $m = 0$.

Soient alors a un élément de E et Q une forme quadratique positive sur E′. Notons $\Gamma_{a,Q}$ l'image de la mesure Γ_Q par la translation $x \mapsto x + a$. On voit facilement que $\Gamma_{a,Q}$ est une mesure positive de masse 1 sur E, de transformée de Fourier $x' \mapsto e^{i\langle a, x' \rangle - \frac{1}{2}Q(x')}$ et de moyenne a. De plus, la prop. 6 entraîne que Q est la variance de $\Gamma_{a,Q}$. Traditionnellement, on dit que $\Gamma_{a,Q}$ est la mesure gaussienne de moyenne a et variance Q, et que $\Gamma_Q = \Gamma_{0,Q}$ est la mesure gaussienne *centrée* de variance Q. Comme nous n'aurons à considérer que des mesures gaussiennes *centrées*, nous omettons ce qualificatif.

2) Soit Q une forme quadratique sur le dual E′ d'un espace localement convexe E. S'il existe une promesure sur E de transformée de Fourier $e^{-Q/2}$, la forme quadratique Q est nécessairement positive: la fonction $e^{-Q/2}$ est en effet bornée sur E′; donc, pour tout $x' \in E'$, la fonction $t \mapsto e^{-t^2 Q(x')/2} = e^{-Q(tx')/2}$ sur $\mathbf{R}$ est bornée, d'où $Q(x') \geqslant 0$.

3) Le dual de $\mathbf{R}$ est canoniquement isomorphe à $\mathbf{R}$ et les formes quadratiques positives sur $\mathbf{R}$ sont les fonctions de la forme $t \mapsto at^2$ avec $a \geqslant 0$. Pour tout $a \geqslant 0$, il existe donc une mesure bornée γ_a sur $\mathbf{R}$ et une seule dont la transformée de Fourier soit égale à la fonction $t \mapsto e^{-at^2/2}$; on dit par abus de langage que γ_a est la *mesure gaussienne sur* $\mathbf{R}$ *de variance* a.

La transformée de Fourier de γ_0 est la constante 1, d'où $\gamma_0 = \varepsilon_0$ (masse unité à l'origine de $\mathbf{R}$). Supposons $a > 0$ et notons u_a l'application linéaire $x \mapsto a^{1/2}x$; on a $\mathscr{F}\gamma_a = \mathscr{F}\gamma_1 \circ {}^t u_a$ d'où $\gamma_a = u_a(\gamma_1)$. Le lemme 2 montre que γ_1 est la mesure de densité $x \mapsto (2\pi)^{-1/2} e^{-x^2/2}$ par rapport à la mesure de Lebesgue; on en déduit facilement

$$d\gamma_a(x) = (2\pi a)^{-1/2} e^{-x^2/2a} \, dx. \tag{15}$$

L'image d'une promesure gaussienne par une application linéaire continue est une promesure gaussienne. De manière précise, on a le résultat suivant:

PROPOSITION 5. — *Soient* E *et* E_1 *deux espaces localement convexes et u une application linéaire continue de* E *dans* E_1. *Soient* Q *une forme quadratique positive sur* E' *et* Q_1 *la forme quadratique positive* $Q \circ {}^t u$ *sur* E'_1. *On a* $u(\Gamma_Q) = \Gamma_{Q_1}$.

Posons $\mu = u(\Gamma_Q)$. D'après la formule (4) du n° 3, on a

$$\mathscr{F}\mu = (\mathscr{F}\Gamma_Q) \circ {}^t u = e^{-Q/2} \circ {}^t u = e^{-Q_1/2} = \mathscr{F}\Gamma_{Q_1}$$

d'où $\mu = \Gamma_{Q_1}$ d'après la prop. 3 du n° 3.

COROLLAIRE. — *Soient* E *un espace localement convexe et* Q *une forme quadratique positive sur* E'. *Pour tout* $x' \in E'$, *l'image de* Γ_Q *par* x' *est la mesure gaussienne de variance* $Q(x')$ *sur* **R**.

PROPOSITION 6. — *Soient* E *un espace localement convexe et* μ *une mesure gaussienne sur* E, *de variance* Q. *Pour tout entier* $n \geqslant 0$, *et tout* $x' \in E'$, *on a les relations*

$$\int_E |\langle x, x'\rangle|^n \, d\mu(x) = \pi^{-1/2} 2^{n/2} \Gamma\left(\frac{n+1}{2}\right) Q(x')^{n/2} \tag{16}$$

$$\int_E \langle x, x'\rangle^{2n} \, d\mu(x) = \frac{(2n)!}{2^n n!} Q(x')^n \tag{17}$$

$$\int_E \langle x, x'\rangle^{2n+1} \, d\mu(x) = 0. \tag{18}$$

En particulier, on a

$$\int_E \langle x, x'\rangle^2 \, d\mu(x) = Q(x') \qquad (x' \in E'). \tag{19}$$

Si ces formules sont vraies pour un élément x' de E', elles sont vraies pour tous ses multiples $t.x'$ (avec t réel). On peut donc se contenter de les établir lorsque $Q(x')$ est égal à 0 ou 1.

a) Supposons $Q(x') = 0$. La mesure $x'(\mu)$ est égale à $\gamma_0 = \varepsilon_0$, donc x' est nulle μ-presque partout; les formules (16) à (19) sont alors évidentes.

b) Supposons $Q(x') = 1$, d'où $x'(\mu) = \gamma_1$. On a

$$\int_E |\langle x, x'\rangle|^n \, d\mu(x) = \int_R |t|^n \, d\gamma_1(t) = (2\pi)^{-1/2} \int_R |t|^n e^{-t^2/2} \, dt$$

et (16) résulte immédiatement de (6) (n° 4, lemme 1). De même, les formules (17) et (18) résultent de (7) et (8). Enfin, (19) s'obtient en faisant $n = 1$ dans (17).

Nous pouvons maintenant démontrer une réciproque du cor. de la prop. 5.

PROPOSITION 7. — *Soient* E *un espace localement convexe et* μ *une promesure sur* E. *On suppose que* $x'(\mu)$ *est une mesure gaussienne sur* **R** *pour tout* $x' \in E'$. *Alors* μ *est une promesure gaussienne sur* E.

Pour tout $x' \in E'$, soit $Q(x')$ la variance de la mesure gaussienne $x'(\mu)$ sur $\mathbf{R}$. On a $x'(\mu) = \gamma_{Q(x')}$, d'où

$$(\mathscr{F}\mu)(x') = \int_{\mathbf{R}} e^{it.1}\, d\gamma_{Q(x')}(t) = e^{-Q(x').1^2/2}$$

d'après la définition de $\mathscr{F}\mu$ (n° 3, formule (2)). Autrement dit, on a $\mathscr{F}\mu = e^{-Q/2}$, et il reste à prouver que Q est une forme quadratique positive sur E'.

Pour tout sous-espace vectoriel fermé V de E, de codimension finie, notons p_V l'application canonique de E sur E/V, μ_V la mesure $p_V(\mu)$ sur E/V et posons $Q_V = Q \circ {}^t p_V$. Comme on a $E' = \bigcup_{V \in \mathscr{F}(E)} \mathrm{Im}\,({}^t p_V)$ et que ${}^t p_V$ est injectif, il suffit de prouver que Q_V est une forme quadratique positive sur (E/V)'. Soient $u \in (E/V)'$ et $x' = {}^t p_V(u)$. On a

$$u(\mu_V) = u(p_V(\mu)) = x'(\mu) = \gamma_{Q(x')};$$

la prop. 6 entraîne alors

$$Q_V(u) = Q(x') = \int_{\mathbf{R}} t^2\, d\gamma_{Q(x')}(t) = \int_{E/V} u(x)^2\, d\mu_V(x),$$

donc Q_V est une forme quadratique positive sur (E/V)'.

6. Exemples de promesures gaussiennes

1) Soit E un espace hilbertien réel. L'application $x' \mapsto \|x'\|^2$ est une forme quadratique positive sur E'. La promesure gaussienne correspondante s'appelle la *promesure gaussienne canonique* sur E. On peut montrer que cette promesure n'est pas une mesure si E est de dimension infinie.

Soit A un opérateur linéaire continu dans E. L'application $x' \mapsto \|{}^t A . x'\|^2$ est une forme quadratique positive sur E'. La promesure correspondante μ_A sur E est une mesure si et seulement si A est un opérateur de Hilbert–Schmidt.

2) *Noyaux de type positif.* On note T un ensemble et $E = \mathbf{R}^T$ l'espace vectoriel des fonctions réelles dans T, muni de la topologie de la convergence simple. Pour tout $t \in T$, on note ε_t la forme linéaire $f \mapsto f(t)$ sur E. La famille $(\varepsilon_t)_{t \in T}$ est une base de E' (*Esp. vec. top.*, chap. II, 2e éd., § 6, n° 6, cor. 2 de la prop. 8).

On appelle noyau de type positif (réel) sur T toute fonction à valeurs réelles K sur T × T satisfaisant aux relations

$$\text{(20)} \qquad K(t, t') = K(t', t) \qquad \text{pour } t, t' \text{ dans T},$$

$$\text{(21)} \qquad \sum_{i,j=1}^{p} c_i c_j K(t_i, t_j) \geqslant 0$$

quels que soient l'entier positif p, les éléments $t_1, \ldots, t_p$ de T et les nombres réels $c_1, \ldots, c_p$. S'il en est ainsi, la formule

$$\text{(22)} \qquad q\Big(\sum_{t \in T} c_t \varepsilon_t\Big) = \sum_{t, t' \in T} c_t c_{t'} K(t, t')$$

définit une forme quadratique positive sur E'. Inversement, si q est une forme quadratique positive sur E', la formule

$$\mathrm{K}(t, t') = \tfrac{1}{2}[q(\varepsilon_t + \varepsilon_{t'}) - q(\varepsilon_t) - q(\varepsilon_{t'})] \tag{23}$$

définit un noyau de type positif K sur T. On obtient ainsi deux bijections réciproques entre l'ensemble des noyaux de type positif sur T, et celui des formes quadratiques positives sur E'.

Soient K un noyau de type positif sur T, et q la forme quadratique associée sur E'. La promesure gaussienne sur E de variance q s'appelle aussi la *promesure gaussienne sur* E *de covariance* K. Si T est dénombrable, la prop. 2 du n° 1 entraîne que cette promesure est une mesure.

3) Soit T un ensemble dénombrable. On définit un noyau de type positif δ sur T en posant

$$\delta(t, t') = \begin{cases} 1 & \text{si } t = t' \\ 0 & \text{si } t \neq t'. \end{cases} \tag{24}$$

La forme quadratique correspondante est donnée par $q\left(\sum_{t \in \mathrm{T}} c_t \varepsilon_t\right) = \sum_{t \in \mathrm{T}} c_t^2$. Pour tout $t \in \mathrm{T}$, notons μ_t la mesure gaussienne de variance 1 sur $\mathbf{R}$; on montre facilement que la mesure gaussienne sur $\mathbf{R}^{\mathrm{T}}$ de covariance δ est égale à $\bigotimes_{t \in \mathrm{T}} \mu_t$.

4) Soit $n \geqslant 1$ un entier. Une matrice carrée $C = (c_{ij})$ d'ordre n est dite *symétrique positive* si elle est symétrique et si l'on a $\sum_{i,j=1}^{n} c_{ij} x_i x_j \geqslant 0$ quels que soient $x_1, \ldots, x_n$ réels; il revient au même de dire que l'application $(i, j) \mapsto c_{ij}$ est un noyau de type positif sur l'ensemble $\{1, 2, \ldots, n\}$. On parlera donc de la mesure gaussienne γ_C sur $\mathbf{R}^n$, de covariance C; elle est caractérisée par la formule

$$\int_{\mathbf{R}^n} e^{i(x_1 t_1 + \cdots + x_n t_n)}\, d\gamma_C(t_1, \ldots, t_n) = \exp\left(-\frac{1}{2} \sum_{j,k=1}^{n} c_{jk} x_j x_k\right), \tag{25}$$

pour $x_1, \ldots, x_n$ réels. De la prop. 6 du n° 5 (formule (19)), on déduit

$$\int_{\mathbf{R}^n} t_j t_k\, d\gamma_C(t_1, \ldots, t_n) = c_{jk} \qquad (1 \leqslant j, k \leqslant n). \tag{26}$$

De la prop. 5 du n° 5, on déduit la formule

$$u(\gamma_C) = \gamma_{UC{}^tU}, \tag{27}$$

où u est une application linéaire de $\mathbf{R}^n$ dans $\mathbf{R}^m$ de matrice U. Par ailleurs, on voit facilement (cf. début de la démonstration de la prop. 4 du n° 5) que, si I_n désigne la matrice unité d'ordre n, la mesure γ_{I_n} admet la densité

$$(2\pi)^{-n/2} \exp\left(-\tfrac{1}{2}(t_1^2 + \cdots + t_n^2)\right)$$

par rapport à la mesure de Lebesgue λ_n sur $\mathbf{R}^n$.

Nous allons montrer que si la matrice C est inversible, d'inverse $D = (d_{jk})$, on a

(28) $$d\gamma_C(t_1, \ldots, t_n) = (2\pi)^{-n/2}(\det D)^{1/2}\left(\exp\left(-\frac{1}{2}\sum_{j,k=1}^{n} d_{jk}t_jt_k\right)\right) dt_1 \ldots dt_n.$$

En effet, si C est inversible, la forme quadratique q sur $\mathbf{R}^n$ définie par

$$q(x_1, \ldots, x_n) = \sum_{j,k=1}^{n} c_{jk}x_jx_k$$

est non dégénérée. En utilisant l'existence d'une base de $\mathbf{R}^n$ orthonormale pour q, on démontre l'existence d'une matrice U carrée d'ordre n telle que $C = U.{}^tU$, d'où $\gamma_C = u(\gamma_{I_n})$ d'après (27) (on note u l'automorphisme de $\mathbf{R}^n$ de matrice U). Soit Q la forme quadratique sur $\mathbf{R}^n$ définie par

$$Q(t_1, \ldots, t_n) = t_1^2 + \cdots + t_n^2;$$

on a

$$\gamma_{I_n} = (2\pi)^{-n/2} e^{-Q/2}.\lambda_n,$$

d'où

(29) $$u(\gamma_{I_n}) = (2\pi)^{-n/2} e^{-(Q\circ u^{-1})/2}.u(\lambda_n).$$

Il est immédiat que la forme quadratique $Q \circ u^{-1}$ sur $\mathbf{R}^n$ prend la valeur $\sum_{j,k=1}^{n} d_{jk}t_jt_k$ au point $(t_1, \ldots, t_n)$, et la prop. 15 du chap. VII, § 1, n° 10 montre que l'on a

(30) $$u(\lambda_n) = (\det U)^{-1}.\lambda_n = (\det D)^{1/2}.\lambda_n.$$

La formule (28) résulte alors de là.

7. Mesure de Wiener

Dans ce n°, nous notons T l'intervalle $]0, 1]$ de $\mathbf{R}$ et $\mathscr{H}$ l'espace de Hilbert des fonctions réelles de carré intégrable par rapport à la mesure de Lebesgue sur T, où l'on note $(f|g)$ le produit scalaire. On note aussi $\mathscr{C}$ l'espace des fonctions continues réelles sur T, tendant vers 0 au point 0; on munit $\mathscr{C}$ de la norme $\|f\| = \sup_{t\in T} |f(t)|$. L'intervalle compact $[0, 1] = T \cup \{0\}$ est le compactifié d'Alexandroff de l'intervalle localement compact mais non compact T; par suite, l'ensemble des fonctions continues à support compact sur T est dense dans $\mathscr{C}$ et le dual de $\mathscr{C}$ s'identifie à l'espace $\mathscr{M}^1$ des mesures bornées (non nécessairement positives) sur T (chap. III, 2ᵉ éd., § 1, n° 8, déf. 3).

Pour toute fonction $f \in \mathscr{H}$, on définit une fonction Pf sur T par

(31) $$(Pf)(t) = \int_0^t f(x)\, dx = (f|I_t),$$

où I_t est la fonction caractéristique de l'intervalle $]0, t]$. L'inégalité de Cauchy-Schwarz entraîne les inégalités

$$|(Pf)(t)| \leqslant \|f\|_2 . t^{1/2} \tag{32}$$

$$|(Pf)(t) - (Pf)(t')| \leqslant \|f\|_2 . |t - t'|^{1/2}; \tag{33}$$

par suite, Pf appartient à $\mathscr{C}$, et l'application linéaire P de $\mathscr{H}$ dans $\mathscr{C}$ est continue de norme $\leqslant 1$.

Identifions l'espace de Hilbert $\mathscr{H}$ à son dual (*Esp. vect. top.*, chap. V, § 1, nº 6, th. 3), et notons $\Pi : \mathscr{M}^1 \to \mathscr{H}$ la transposée de $P : \mathscr{H} \to \mathscr{C}$. Pour toute mesure $\mu \in \mathscr{M}^1$ et toute fonction $f \in \mathscr{H}$, on a

$$\begin{aligned}(\Pi\mu|f) = \mu(Pf) &= \int_T d\mu(t) \int_T I_t(x) f(x)\, dx \\ &= \int_T f(x)\, dx \int_T I_t(x)\, d\mu(t)\end{aligned}$$

d'après le théorème de Lebesgue-Fubini. Or on a

$$I_t(x) = \begin{cases} 1 & \text{si} \quad 0 < x \leqslant t \leqslant 1 \\ 0 & \text{sinon,} \end{cases}$$

d'où finalement

$$(\Pi\mu)(x) = \mu([x, 1]) \qquad \text{pour} \quad x \in T. \tag{34}$$

Soient μ, ν dans $\mathscr{M}^1$. On a

$$\begin{aligned}(\Pi\mu|\Pi\nu) &= \int_T \Pi\mu(x)\, \Pi\nu(x)\, dx = \int_T dx \int_T I_t(x)\, d\mu(t) \int_T I_{t'}(x)\, d\nu(t') \\ &= \int_T \int_T d\mu(t)\, d\nu(t') \int_T I_t(x) I_{t'}(x)\, dx.\end{aligned}$$

Or $I_t . I_{t'}$ est la fonction caractéristique de l'intervalle $]0, t] \cap]0, t']$, d'où immédiatement

$$\int_T I_t(x) I_{t'}(x)\, dx = \inf(t, t'). \tag{35}$$

On en conclut

$$(\Pi\mu|\Pi\nu) = \int_T \int_T \inf(t, t')\, d\mu(t)\, d\nu(t'). \tag{36}$$

D'après le résultat précédent, on définit une forme quadratique positive W sur $\mathscr{M}^1$ par la formule

$$W(\mu) = \int_T \int_T \inf(t, t')\, d\mu(t)\, d\mu(t') = \|\Pi\mu\|_2^2. \tag{37}$$

En particulier, si $t_1, \ldots, t_n$ sont des éléments de T, et $c_1, \ldots, c_n$ des nombres réels, on a

$$W\Big(\sum_{j=1}^{n} c_j \varepsilon_{t_j}\Big) = \sum_{j,k=1}^{n} c_j c_k \inf(t_j, t_k)$$

et comme W est positive, la fonction $(t, t') \mapsto \inf(t, t')$ est un noyau de type positif sur T.

THÉORÈME 1 (Wiener). — *Soit w l'image par $P: \mathscr{H} \to \mathscr{C}$ de la promesure gaussienne canonique sur l'espace de Hilbert $\mathscr{H}$. Alors w est une* mesure *gaussienne de variance* W *sur $\mathscr{C}$.*

Par construction, on a $W(\mu) = \|{}^tP(\mu)\|_2^2$; la prop. 5 du n° 5 montre que w est une promesure gaussienne de variance W. Il reste à prouver que w est une mesure sur $\mathscr{C}$.

A) *Construction d'un espace mesuré auxiliaire* (Ω, m):

Pour tout entier $n \geqslant 0$, on note D_n l'ensemble des nombres de la forme $k/2^n$ avec $k = 1, 2, 3, \ldots, 2^n$. On pose $D = \bigcup_{n \geqslant 0} D_n$ (ensemble des nombres dyadiques contenus dans T) et $\Omega = \mathbf{R}^D$. Pour tout $t \in D$, on note $X(t)$ la forme linéaire $f \mapsto f(t)$ sur Ω.

Pour t, t' dans D, posons $M(t, t') = \inf(t, t')$; on a vu que M est un noyau de type positif sur D. Comme l'ensemble D est dénombrable, on peut définir la *mesure* gaussienne m sur Ω de covariance M (n° 6, *Exemple* 2).

Lemme 3. — *Quels que soient t, t' dans* D, *on a*

$$\int_\Omega \left| X\left(\frac{t+t'}{2}\right) - \frac{X(t) + X(t')}{2} \right|^3 dm = \frac{1}{(8\pi)^{1/2}} |t - t'|^{3/2}. \tag{38}$$

On notera que $\frac{t+t'}{2}$ appartient à D. On sait (n° 6, *Exemple* 2) que la famille $(X(t))_{t \in D}$ est une base du dual topologique Ω' de Ω; il existe donc une forme bilinéaire symétrique $\hat{M}$ sur $\Omega' \times \Omega'$ caractérisée par $\hat{M}(X(t), X(t')) = \inf(t, t')$. Par construction, la variance de la mesure gaussienne m sur Ω est la forme quadratique $\xi \mapsto \hat{M}(\xi, \xi)$ sur Ω'. Posons en particulier

$$\xi = X\left(\frac{t+t'}{2}\right) - \frac{X(t) + X(t')}{2}; \tag{39}$$

un calcul facile donne

$$\hat{M}(\xi, \xi) = \frac{|t - t'|}{4}. \tag{40}$$

D'après la prop. 6 du n° 5 (formule (16)), on a

$$\int_\Omega |\xi|^3 \, dm = \pi^{-1/2} 2^{3/2} \Gamma(2) \hat{M}(\xi, \xi)^{3/2}; \tag{41}$$

le lemme résulte immédiatement des formules (40) et (41).

B) *Construction d'une application u de* Ω *dans* $\mathscr{C}$:

Pour tout entier $n \geqslant 0$, on note E_n le sous-espace de $\mathscr{C}$ formé des fonctions qui sont affines dans chacun des intervalles $\left[\frac{k-1}{2^n}, \frac{k}{2^n}\right]$ pour $1 \leqslant k \leqslant 2^n$. Une fonction affine dans un intervalle compact I de $\mathbf{R}$ atteint ses bornes aux extrémités de I; par suite, on a

$$\|f\| = \sup_{1 \leqslant k \leqslant 2^n} \left| f\left(\frac{k}{2^n}\right) \right| \tag{42}$$

pour $f \in E_n$.

Pour toute fonction $g \in \Omega$ et tout entier $n \geqslant 0$, il existe une fonction $u_n(g)$ et une seule qui appartienne à E_n et coïncide avec g en tout point de D_n; on posera $T_n g = u_{n+1}(g) - u_n(g)$. Comme D_n est fini, l'application T_n de Ω dans $\mathscr{C}$ est continue, donc m-mesurable.

Lemme 4. — *Pour tout entier* $n \geqslant 0$, *on a*

$$\int_\Omega \|T_n g\|^3 \, dm(g) \leqslant \frac{1}{(8\pi)^{1/2}} 2^{-n/2}. \tag{43}$$

Soient $g \in \Omega$ et $n \in \mathbf{N}$. On a $E_n \subset E_{n+1}$; par suite, la fonction $T_n g$ appartient à E_{n+1} et s'annule en tout point de D_n; d'après (42), on a donc

$$\|T_n g\|^3 = \sup_{1 \leqslant k \leqslant 2^n} \left| T_n g\left(\frac{2k-1}{2^{n+1}}\right) \right|^3 \leqslant \sum_{k=1}^{2^n} \left| T_n g\left(\frac{2k-1}{2^{n+1}}\right) \right|^3. \tag{44}$$

Faisons la convention $g(0) = 0$. La construction de $u_n(g)$ par interpolation linéaire de g entraîne les relations

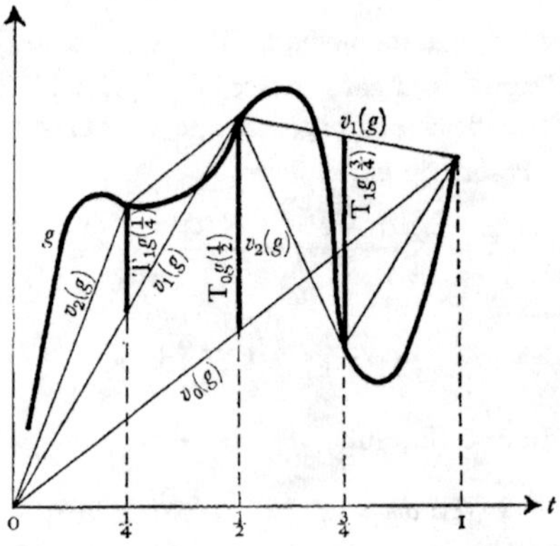

FIGURE 1

(45) $$T_n g\left(\frac{2k-1}{2^{n+1}}\right) = g\left(\frac{2k-1}{2^{n+1}}\right) - \frac{1}{2}\left(g\left(\frac{k-1}{2^n}\right) + g\left(\frac{k}{2^n}\right)\right)$$

pour $1 \leqslant k \leqslant 2^n$. On en déduit par intégration

$$\int_\Omega \left| T_n g\left(\frac{2k-1}{2^{n+1}}\right)\right|^3 dm(g) = \int_\Omega \left| X\left(\frac{2k-1}{2^{n+1}}\right) - \frac{1}{2}\left(X\left(\frac{k-1}{2^n}\right) + X\left(\frac{k}{2^n}\right)\right)\right|^3 dm;$$

on peut alors appliquer le lemme 3 avec $t = \frac{k-1}{2^n}$, $t' = \frac{k}{2^n}$, d'où

(46) $$\int_\Omega \left| T_n g\left(\frac{2k-1}{2^{n+1}}\right)\right|^3 dm(g) = \frac{1}{(8\pi)^{1/2}} 2^{-\frac{3n}{2}}.$$

D'après (44), on a alors

$$\int_\Omega \|T_n g\|^3 \, dm(g) \leqslant \sum_{k=1}^{2^n} \int_\Omega \left| T_n g\left(\frac{2k-1}{2^{n+1}}\right)\right|^3 dm(g) = \frac{1}{(8\pi)^{1/2}} 2^n . 2^{-\frac{3n}{2}},$$

d'où le lemme.

D'après le lemme 4, l'application T_n de Ω dans l'espace de Banach $\mathscr{C}$ appartient à $L^3_{\mathscr{C}}(\Omega, m)$ et l'on a $N_3(T_n) \leqslant \frac{1}{(8\pi)^{1/6}} (2^{-1/6})^n$, d'où $\sum_{n=0}^{\infty} N_3(T_n) < +\infty$. D'après la prop. 6 du chap. IV, 2e éd., § 3, n° 3, il existe un ensemble $\Omega_0 \subset \Omega$ tel que $\Omega - \Omega_0$ soit m-négligeable et que la série $\sum_{n=0}^{\infty} T_n(g)$ converge absolument dans $\mathscr{C}$ pour tout $g \in \Omega_0$. On définit alors une application m-mesurable u de Ω dans $\mathscr{C}$ par

(47) $$u(g) = \begin{cases} \sum_{n=0}^{\infty} T_n g = \lim_{n\to\infty} u_n(g) & \text{pour } g \in \Omega_0 \\ 0 & \text{pour } g \in \Omega - \Omega_0. \end{cases}$$

Comme $u_n(g)$ et g coïncident sur $D_m \subset D_n$ pour $0 \leqslant m \leqslant n$, il est immédiat que la restriction de $u(g)$ à D est égale à g pour tout $g \in \Omega_0$.

C) *Construction d'une mesure gaussienne sur* $\mathscr{C}$:

Soit w' la mesure bornée sur $\mathscr{C}$, image de m par l'application m-mesurable $u : \Omega \to \mathscr{C}$. Nous allons montrer que w' est une mesure gaussienne sur $\mathscr{C}$, de variance W, d'où $w = w'$. On notera $\mathscr{D}$ le sous-espace vectoriel de $\mathscr{M}^1$ engendré par les mesures ε_t pour t parcourant D.

Lemme 5. — *Pour toute mesure* $\mu \in \mathscr{D}$, *on a*

(48) $$\int_{\mathscr{C}} e^{i\langle f, \mu\rangle} \, dw'(f) = e^{-W(\mu)/2}.$$

Posons $\mu = c_1\varepsilon_{t_1} + c_2\varepsilon_{t_2} + \cdots + c_n\varepsilon_{t_n}$ avec $t_1, \ldots, t_n$ dans D et $c_1, \ldots, c_n$ dans **R**. Pour tout $g \in \Omega_0$, la fonction $u(g)$ coïncide avec g sur D; on a donc

$$\langle u(g), \mu\rangle = \sum_{j=1}^{n} c_j g(t_j) \qquad (g \in \Omega_0). \tag{49}$$

On a aussi

$$\mathrm{W}(\mu) = \sum_{j,k=1}^{n} c_j c_k \inf(t_j, t_k), \tag{50}$$

et, comme m est la mesure gaussienne sur Ω de covariance M, et que $\Omega - \Omega_0$ est m-négligeable, on a

$$\int_{\Omega_0} e^{i\sum_{j=1}^{n} c_j g(t_j)}\, dm(g) = \exp\left(-\frac{1}{2}\sum_{j,k=1}^{n} c_j c_k \inf(t_j, t_k)\right). \tag{51}$$

Or, $\Omega - \Omega_0$ est m-négligeable et l'on a $w' = u(m)$; on en déduit

$$\int_{\mathscr{C}} e^{i\langle f, \mu\rangle}\, dw'(f) = \int_{\Omega_0} e^{i\langle u(g), \mu\rangle}\, dm(g). \tag{52}$$

La formule (48) résulte immédiatement des formules (49) à (52).

Lemme 6. — *Soit* $\mu \in \mathscr{M}^1$. *Il existe une suite de mesures* $\mu_n \in \mathscr{D}$ *telles que* $\mu(f) = \lim_{n\to\infty} \mu_n(f)$ *pour tout* $f \in \mathscr{C}$ *et* $\mathrm{W}(\mu) = \lim_{n\to\infty} \mathrm{W}(\mu_n)$.

Soit $\mathrm{I} = [0, 1]$. L'espace $\mathscr{M}^1$ des mesures bornées sur $\mathrm{T} =]0, 1]$ sera identifié au sous-espace de $\mathscr{M}(\mathrm{I})$ formé des mesures qui ne chargent pas 0. On munit $\mathscr{M}(\mathrm{I})$ de la topologie vague. L'application $t \mapsto \varepsilon_t$ de I dans $\mathscr{M}(\mathrm{I})$ est continue (chap. III, 2ᵉ éd., § 1, nᵒ 9, prop. 13); comme D est dense dans I, l'adhérence $\overline{\mathscr{D}}$ de $\mathscr{D}$ contient toutes les mesures ponctuelles. Soit A l'ensemble des mesures $\nu \in \mathscr{D}$ telles que $\|\nu\| \leqslant \|\mu\|$; la mesure μ est adhérente à A (chap. III, 2ᵉ éd., § 2, nᵒ 4, cor. 1 du th. 1). L'ensemble A est relativement compact dans $\mathscr{M}(\mathrm{I})$ (chap. III, 2ᵉ éd., § 1, nᵒ 9, prop. 15) et les parties compactes de $\mathscr{M}(\mathrm{I})$ sont métrisables (*Esp. vect. top.*, chap. IV, § 5, nᵒ 1, prop. 2, et *Top. gén.*, chap. X, 2ᵉ éd, § 3, nᵒ 3, th. 1). Il existe donc une suite de mesures $\mu_n \in \mathrm{A}$ convergeant vers μ dans $\mathscr{M}(\mathrm{I})$. Comme $\mathscr{C}$ est identifié au sous-espace des fonctions continues sur I nulles à l'origine, on a $\mu(f) = \lim_{n\to\infty} \mu_n(f)$ pour tout $f \in \mathscr{C}$. Par ailleurs, comme $\mathscr{C}(\mathrm{I}) \otimes \mathscr{C}(\mathrm{I})$ est dense dans l'espace normé $\mathscr{C}(\mathrm{I} \times \mathrm{I})$ (chap. III, 2ᵉ éd., § 4, nᵒ 1, lemme 1), les relations $\lim_{n\to\infty} \mu_n = \mu$ et $\|\mu_n\| \leqslant \|\mu\|$ entraînent $\lim_{n\to\infty} (\mu_n \otimes \mu_n) = \mu \otimes \mu$ (chap. III, 2ᵉ éd., § 1, nᵒ 10, prop. 17); comme les mesures μ_n et μ ne chargent pas 0, on a

$$\mathrm{W}(\mu_n) = \int_{\mathrm{I}}\int_{\mathrm{I}} \inf(t, t')\, d\mu_n(t)\, d\mu_n(t')$$

$$W(\mu) = \int_I \int_I \inf(t, t')\, d\mu(t)\, d\mu(t'),$$

d'où $\lim_{n\to\infty} W(\mu_n) = W(\mu)$.

Il reste à prouver que la transformée de Fourier de w' est égale à $e^{-W/2}$. Soit $\mu \in \mathscr{M}^1$; choisissons les mesures $\mu_n \in \mathscr{D}$ comme dans le lemme 6. La mesure w' est bornée et l'on a $|e^{i\langle f, \mu_n\rangle}| = 1$ pour tout n; le lemme 5 et le théorème de convergence de Lebesgue (chap. IV, 2e éd., § 4, n° 3, th. 2) entraînent alors

$$\int_{\mathscr{C}} e^{i\langle f, \mu\rangle}\, dw'(f) = \lim_{n\to\infty} \int_{\mathscr{C}} e^{i\langle f, \mu_n\rangle}\, dw'(f)$$

$$= \lim_{n\to\infty} e^{-W(\mu_n)/2} = e^{-W(\mu)/2}.$$

C.Q.F.D.

La mesure w sur $\mathscr{C}$, dont la transformée de Fourier est égale à $e^{-W/2}$ s'appelle la *mesure de Wiener sur* $\mathscr{C}$.

Remarque. — Pour tout intervalle semi-ouvert $J =]a, b]$ contenu dans T, posons $l(J) = b - a$ (longueur de J) et notons A_J la forme linéaire $f \mapsto f(b) - f(a)$ sur $\mathscr{C}$. On peut montrer que la mesure de Wiener est caractérisée par la propriété suivante:

Soient $J_1, \ldots, J_n$ *des intervalles semi-ouverts contenus dans* T *et deux à deux disjoints. L'image de la mesure* w *par l'application linéaire* $f \mapsto (A_{J_1}(f), \ldots, A_{J_n}(f))$ *de* $\mathscr{C}$ *dans* $\mathbf{R}^n$ *est égale à* $\gamma_{a_1} \otimes \cdots \otimes \gamma_{a_n}$ *avec* $a_i = l(J_i)^{1/2}$ *pour* $1 \leqslant i \leqslant n$.

8. Continuité de la transformée de Fourier

PROPOSITION 8. — *Soient* E *un espace localement convexe,* μ *une promesure sur* E *et* Φ *la transformée de Fourier de* μ. *On a les inégalités*

$$|\Phi(x')| \leqslant \Phi(0) \tag{53}$$

$$|\Phi(x') - \Phi(y')|^2 \leqslant 2\Phi(0)(\Phi(0) - \mathscr{R}\Phi(x' - y')) \tag{54}$$

pour x', y' *dans* E'.

La formule (5) du n° 3 permet de se ramener au cas où E est de dimension finie et où μ est une mesure. On a

$$|\Phi(x')| = \left| \int_E e^{i\langle x, x'\rangle}\, d\mu(x) \right| \leqslant \int_E |e^{i\langle x, x'\rangle}|\, d\mu(x) = \int_E d\mu(x) = \Phi(0),$$

d'où (53). De plus, si a et b sont des nombres réels, on a

$$|e^{ia} - e^{ib}|^2 = |e^{ib}|^2 |e^{i(a-b)} - 1|^2 = (e^{i(a-b)} - 1)(e^{-i(a-b)} - 1) = 2 - 2\cos(a - b);$$

d'après l'inégalité de Cauchy-Schwarz, on a alors

$$\begin{aligned}|\Phi(x') - \Phi(y')|^2 &= \left|\int_E (e^{i\langle x, x'\rangle} - e^{i\langle x, y'\rangle})\, d\mu(x)\right|^2 \\ &\leqslant \int_E |e^{i\langle x, x'\rangle} - e^{i\langle x, y'\rangle}|^2\, d\mu(x) \int_E 1^2\, d\mu(x) \\ &= \int_E (2 - 2\cos\langle x, x' - y'\rangle)\, d\mu(x)\,.\,\Phi(0) \\ &= 2\Phi(0)(\Phi(0) - \mathscr{R}\Phi(x' - y')),\end{aligned}$$

d'où (54).

Corollaire. — *Munissons* E' *d'une topologie compatible avec sa structure d'espace vectoriel. Pour que* Φ *soit continue, il faut et il suffit que sa partie réelle* $\mathscr{R}\Phi$ *soit continue à l'origine, et alors* Φ *est uniformément continue.*

Cela résulte de l'inégalité (54).

Soit F un espace localement convexe. On munit le dual F' de F d'une topologie compatible avec la dualité entre F et F' et l'on identifie F au dual de F'. Par suite, la transformée de Fourier d'une mesure bornée μ sur F' est la fonction $\mathscr{F}\mu$ sur F définie par

$$(\mathscr{F}\mu)(x) = \int_{F'} e^{i\langle x, x'\rangle}\, d\mu(x').$$

Proposition 9. — *Si* F *est tonnelé, la transformée de Fourier de toute mesure bornée sur* F' *est une fonction uniformément continue sur* F.

Soient μ une mesure bornée sur F' et Φ sa transformée de Fourier. Soit $\varepsilon > 0$. Il existe une partie compacte K de F' tel que $\mu(F' - K) \leqslant \varepsilon$. Or K est compact pour la topologie faible $\sigma(F', F)$, donc équicontinu car F est tonnelé (*Esp. vect. top.*, chap. IV, § 2, n° 2, th. 1). Il existe donc un voisinage symétrique U de 0 dans F dont le polaire U^0 contient K. Soit x dans εU; on a

$$\Phi(0) - \mathscr{R}\Phi(x) = \int_{F'} (1 - \cos\langle x, x'\rangle)\, d\mu(x').$$

Or on a $0 \leqslant 1 - \cos\langle x, x'\rangle \leqslant 2$ pour tout $x' \in F' - K$ et

$$1 - \cos\langle x, x'\rangle \leqslant \tfrac{1}{2}\langle x, x'\rangle^2 \leqslant \frac{\varepsilon^2}{2}$$

pour $x' \in K \subset U^0$; on en déduit

$$0 \leqslant \Phi(0) - \mathscr{R}\Phi(x) \leqslant 2\mu(F' - K) + \frac{\varepsilon^2}{2}\mu(K) \leqslant 2\varepsilon + \frac{\varepsilon^2}{2}\mu(F').$$

Le second membre de cette inégalité tend vers 0 avec ε; donc $\mathscr{R}\Phi$ est continue en 0 et la prop. résulte du cor. de la prop. 8.

9. Le lemme de Minlos

Soient T un espace vectoriel de dimension finie et μ une mesure bornée sur T'; nous identifions T au dual de T' de sorte que la transformée de Fourier Φ de μ est une fonction sur T. On suppose données deux formes quadratiques positives h et q sur T et un nombre $\varepsilon > 0$. Pour tout nombre réel $r > 0$, on note C_r l'ensemble des $x' \in T'$ tels que l'on ait $\langle x, x' \rangle^2 \leqslant r^2 h(x)$ pour tout $x \in T$.

PROPOSITION 10. — *Sous l'hypothèse* $\Phi(0) - \mathscr{R}\Phi \leqslant \varepsilon + q$, *on a*

$$\mu(T' - C_r) \leqslant 3(\varepsilon + r^{-2}\,\mathrm{Tr}(q/h)) \tag{55}$$

pour tout $r > 0$.

On a noté $\mathrm{Tr}(q/h)$ la trace de q par rapport à h (cf. Annexe, n° 1). La formule (55) est triviale lorsque $\mathrm{Tr}(q/h)$ est infini. Nous supposons désormais $\mathrm{Tr}(q/h)$ fini, donc que $h(x) = 0$ entraîne $q(x) = 0$ pour tout $x \in T$.

Soient $a_1, \ldots, a_n$ des éléments de T, et D l'ensemble des $x' \in T'$ tels que $\sum_{j=1}^{n} \langle a_j, x' \rangle^2 > 1$. Pour tout t réel $\geqslant 0$, on a $3(1 - e^{-t/2}) \geqslant 0$ et l'on a même

$$3(1 - e^{-t/2}) \geqslant 3(1 - e^{-1/2}) \geqslant 3(1 - (\tfrac{9}{4})^{-1/2}) = 1$$

pour $t > 1$, car $e > \frac{9}{4}$. Appliquant ces inégalités à $t = \sum_{j=1}^{n} \langle a_j, x' \rangle^2$, on obtient

$$\mu(D) \leqslant 3 \int_{T'} \left(1 - \exp\left(-\frac{1}{2} \sum_{j=1}^{n} \langle a_j, x' \rangle^2\right)\right) d\mu(x'). \tag{56}$$

Soit γ la mesure sur $\mathbf{R}$, de densité $t \mapsto (2\pi)^{-1/2} e^{-t^2/2}$ par rapport à la mesure de Lebesgue. D'après le lemme 2 du n° 4, on a

$$\int_{\mathbf{R}} e^{iut}\, d\gamma(t) = e^{-u^2/2}$$

pour tout u réel. Par suite, on a

$$1 - \exp\left(-\frac{1}{2} \sum_{j=1}^{n} \langle a_j, x' \rangle^2\right) = \int \cdots \int \left(1 - e^{i \sum_{j=1}^{n} \langle a_j, x' \rangle t_j}\right) d\gamma(t_1) \ldots d\gamma(t_n) \tag{57}$$

pour tout $x' \in T'$. La fonction de $x', t_1, \ldots, t_n$ à intégrer au second membre est continue et majorée en module par 2, et les mesures μ et γ sont bornées; on peut donc intégrer les deux membres de (57) par rapport à $d\mu(x')$ et interchanger les intégrations par rapport à μ et γ; on obtient

$$\begin{aligned} &\int_{T'} \left(1 - \exp\left(-\frac{1}{2} \sum_{j=1}^{n} \langle a_j, x' \rangle^2\right)\right) d\mu(x') \\ &\qquad = \int \cdots \int \left(\Phi(0) - \Phi\left(\sum_{j=1}^{n} t_j a_j\right)\right) d\gamma(t_1) \ldots d\gamma(t_n). \end{aligned} \tag{58}$$

Comme q est une forme quadratique sur T, il existe des nombres réels q_{jk} tels que

$$q\Big(\sum_{j=1}^{n} t_j a_j\Big) = \sum_{j,k} q_{jk} t_j t_k$$

pour $t_1, \ldots, t_n$ réels; on a en particulier $q_{jj} = q(a_j)$ pour $1 \leqslant j \leqslant n$. Par ailleurs, l'intégrale $\int_{\mathbf{R}} t^n \, d\gamma(t)$ vaut respectivement 1, 0, 1 pour $n = 0, 1, 2$ (n° 4, lemme 1). On en déduit immédiatement

$$\int \ldots \int \Big(\varepsilon + q\Big(\sum_{j=1}^{n} t_j a_j\Big)\Big) \, d\gamma(t_1) \ldots d\gamma(t_n) = \varepsilon + \sum_{j=1}^{n} q(a_j). \tag{59}$$

Or, le premier membre de (58) et $\Phi(0)$ sont des nombres réels; on peut donc remplacer Φ par $\mathscr{R}\Phi$ au second membre de (58). L'inégalité $\Phi(0) - \mathscr{R}\Phi \leqslant \varepsilon + q$ et les formules (56), (58) et (59) entraînent alors

$$\mu(\mathrm{D}) \leqslant 3\Big(\varepsilon + \sum_{j=1}^{n} q(a_j)\Big). \tag{60}$$

Fixons le nombre $r > 0$. Comme la forme quadratique h est positive, il existe une base $(e_1, \ldots, e_n)$ de T et un entier m compris entre 0 et n tels que

$$h\Big(\sum_{j=1}^{n} t_j e_j\Big) = \sum_{j=1}^{m} t_j^2,$$

pour $t_1, \ldots, t_n$ réels (Annexe, n° 1, prop. 2). Il est alors immédiat que C_r se compose des $x' \in \mathrm{T}'$ tels que

$$\sum_{j=1}^{m} \langle e_j, x' \rangle^2 \leqslant r^2, \qquad \sum_{j=m+1}^{n} \langle e_j, x' \rangle^2 = 0.$$

Pour tout entier $l \geqslant 1$, soit D_l l'ensemble des $x' \in \mathrm{T}'$ satisfaisant à l'inégalité

$$\sum_{j=1}^{m} \langle r^{-1} e_j, x' \rangle^2 + \sum_{j=m+1}^{n} \langle l e_j, x' \rangle^2 > 1.$$

On voit facilement que la suite $(\mathrm{D}_l)_{l \geqslant 1}$ est croissante de réunion $\mathrm{T}' - \mathrm{C}_r$, d'où

$$\mu(\mathrm{T}' - \mathrm{C}_r) = \lim_{l \to \infty} \mu(\mathrm{D}_l). \tag{61}$$

Mais d'après (60), on a

$$\mu(\mathrm{D}_l) \leqslant 3\Big(\varepsilon + \sum_{j=1}^{m} r^{-2} q(e_j) + \sum_{j=m+1}^{n} l^2 q(e_j)\Big); \tag{62}$$

pour $j = m + 1, \ldots, n$, on a $h(e_j) = 0$, donc $q(e_j) = 0$. De plus, on a $\mathrm{Tr}(q/h) = \sum_{j=1}^{m} q(e_j)$ (Annexe, n° 1, prop. 2). La relation (55) résulte alors de (61) et (62).

C.Q.F.D

10. Mesures sur le dual d'un espace nucléaire

Soit F un espace localement convexe. Soit $\mathscr{T}_s$ la topologie faible $\sigma(F', F)$ sur F' et $\mathscr{T}_c$ la topologie de la convergence uniforme sur les parties compactes convexes de F. D'après le théorème de Mackey, (*Esp. vect. top.*, chap. IV, § 2, n° 3, th. 2) les topologies $\mathscr{T}_s$ et $\mathscr{T}_c$ sur F' sont compatibles avec la dualité entre F et F'; il en est donc de même de toute topologie localement convexe $\mathscr{T}$ sur F' intermédiaire entre $\mathscr{T}_s$ et $\mathscr{T}_c$. Si $\mathscr{T}$ est une telle topologie, et si $F'_{\mathscr{T}}$ désigne l'espace F' muni de $\mathscr{T}$, on identifiera F au dual de $F'_{\mathscr{T}}$. Les promesures sur F' sont donc les mêmes pour toutes les topologies $\mathscr{T}$ du type précédent, et si μ est une telle promesure, sa transformée de Fourier est une fonction sur F.

On appelle *topologie de Sazonov* sur F la topologie localement convexe $\mathscr{S}$ définie par les semi-normes continues N satisfaisant à la condition suivante: N^2 *est une forme quadratique positive sur* F *et il existe une forme quadratique positive continue* H *sur* F *telle que* $\mathrm{Tr}(N^2/H) < +\infty$. La topologie $\mathscr{S}$ est moins fine que la topologie donnée sur F; on dit que F est *nucléaire* si ces topologies sont identiques. Cette classe d'espaces sera étudiée plus tard en détail.

THÉORÈME 2 (Minlos). — *Soient* F *un espace localement convexe,* $\mathscr{T}$ *une topologie localement convexe sur* F' *intermédiaire entre* $\mathscr{T}_s$ *et* $\mathscr{T}_c$ *et* μ *une promesure sur* $F'_{\mathscr{T}}$. *On suppose que transformée de Fourier* Φ *de* μ *est continue sur* F *pour la topologie de Sazonov. Alors* μ *est une mesure sur* $F'_{\mathscr{T}}$.

Soit $\varepsilon > 0$. Comme Φ est continue pour la topologie de Sazonov de F, il existe deux formes quadratiques positives continues Q et H sur F, telles que $\mathrm{Tr}(Q/H) < +\infty$ et que l'on ait

$$\Phi(0) - \mathscr{R}\Phi(x) \leqslant \varepsilon/6$$

pour tout $x \in F$ tel que $Q(x) \leqslant 1$. D'après la prop. 8 du n° 8, on a $|\mathscr{R}\Phi(x)| \leqslant \Phi(0)$ pour tout $x \in F$, d'où

$$\Phi(0) - \mathscr{R}\Phi(x) \leqslant \varepsilon/6 + 2\Phi(0)Q(x) \tag{63}$$

pour tout $x \in F$.

Posons $r = (12\Phi(0)\,\mathrm{Tr}(Q/H)\varepsilon^{-1})^{1/2}$ et notons K l'ensemble des $x' \in F'_{\mathscr{T}}$ tels que $\langle x, x'\rangle^2 \leqslant r^2 H(x)$ pour tout $x \in F$. Comme $H^{1/2}$ est une semi-norme continue sur F, l'ensemble K est équicontinu et fermé dans $F'_{\mathscr{T}}$; il est donc compact dans $F'_{\mathscr{T}}$ d'après le théorème d'Ascoli (*Top. gén.*, chap. X, 2e éd., § 2, n° 5, cor. 1 du th. 2).

Soit V un sous-espace vectoriel fermé de codimension finie de $F'_{\mathscr{T}}$; alors, V est l'orthogonal d'un sous-espace vectoriel T de dimension finie de F. Soit μ_V la mesure sur T' image de la promesure μ sur $F'_{\mathscr{T}}$ par l'application p_V transposée de l'injection canonique de T dans F; sa transformée de Fourier est la restriction de Φ à T. Enfin, d'après le théorème de Hahn-Banach (*Esp. vect. top.*, chap. II, 2e éd., § 3, n° 2, cor. 1 du th. 1), $p_V(K)$ est égal à l'ensemble C_r des $x' \in T'$ tels que $\langle x, x' \rangle^2 \leqslant r^2 H(x)$ pour tout $x \in T$. D'après l'inégalité (63), on peut appliquer la prop. 10 du n° 9 à la mesure μ_V sur T', en prenant pour q la restriction de $2\Phi(0)Q$ à T et pour h celle de H. On a $\mathrm{Tr}(q/h) \leqslant 2\Phi(0)\mathrm{Tr}(Q/H)$, d'où

$$\mu_V(T' - C_r) \leqslant 3\left(\frac{\varepsilon}{6} + 2\Phi(0)\mathrm{Tr}(Q/H)r^{-2}\right) = \varepsilon.$$

Comme p_V définit par passage au quotient un isomorphisme de $F'_{\mathscr{T}}/V$ sur T', la prop. 1 du n° 1 montre alors que μ est une mesure sur $F'_{\mathscr{T}}$.

C.Q.F.D.

COROLLAIRE. — *Soient* F *un espace nucléaire tonnelé,* $\mathscr{T}$ *une topologie localement convexe intermédiaire entre* $\mathscr{T}_s$ *et* $\mathscr{T}_c$ *sur* F', μ *une promesure sur* $F'_{\mathscr{T}}$ *et* Φ *la transformée de Fourier de* μ. *Pour que* μ *soit une mesure, il faut et il suffit que* Φ *soit continue sur* F.

La nécessité résulte de la prop. 9 du n° 8 et la suffisance du th. 2.

Remarque. — Soient F un espace tonnelé et $\mathscr{T}$ une topologie localement convexe sur F' intermédiaire entre $\mathscr{T}_s$ et $\mathscr{T}_c$. Toute partie de F' compacte pour $\mathscr{T}$ est compacte pour la topologie moins fine $\mathscr{T}_s$. Réciproquement, soit K une partie de F' compacte pour $\mathscr{T}_s$. Comme F est tonnelé, K est équicontinue (*Esp. vect. top.*, chap. IV, § 2, n° 2, th. 1); mais d'après le théorème d'Ascoli, toute partie équicontinue de F' est relativement compacte pour $\mathscr{T}_c$ et *a fortiori* pour $\mathscr{T}$, donc K est contenu dans une partie de F' compacte pour $\mathscr{T}$. Il n'est pas difficile d'en conclure que l'application identique de $F'_{\mathscr{T}}$ sur $F'_{\mathscr{T}_s}$ définit une bijection entre les ensembles de mesures de ces deux espaces.

11. Mesures sur un espace de Hilbert

Soit E un espace hilbertien réel, dans lequel le produit scalaire est noté $(x|y)$. Il existe un isomorphisme j de E sur son dual E', caractérisé par la formule $\langle x, j(y)\rangle = (x|y)$ pour x, y dans E (*Esp. vect. top.*, chap. V, § 1, n° 6, th. 3). Nous identifierons E et E' au moyen de j. La transformée de Fourier d'une promesure μ sur E est donc une fonction $\mathscr{F}\mu$ sur E; lorsque μ est une mesure, on a

$$(\mathscr{F}\mu)(x) = \int_E e^{i(x|y)}\, d\mu(y) \qquad (x \in E). \tag{64}$$

THÉORÈME 3 (Prokhorov-Sazonov). — *Soient* E *un espace hilbertien et* E_s *l'espace* E *muni de la topologie affaiblie. Soient* μ *une promesure sur* E *et* Φ *sa transformée de Fourier. Les conditions suivantes sont équivalentes:*

a) La fonction Φ *est continue sur* E *pour la topologie de Sazonov.*

b) Pour tout $\varepsilon > 0$, *il existe une forme quadratique positive nucléaire* Q *sur* E *telle que* $\Phi(0) - \mathscr{R}\Phi \leqslant \varepsilon + Q$.

c) La promesure μ *est une mesure sur* E_s.

b) ⇒ *a)*: cela résulte de la prop. 8 du n° 8 (cf. inégalité (54)).

a) ⇒ *c)*: cela résulte du théorème 2 du n° 10.

c) ⇒ *b*) : supposons que μ soit une mesure sur E_s. Soit $\varepsilon > 0$. Pour tout entier $n \geqslant 1$, l'ensemble B_n des $x \in E$ de norme $\leqslant n$ est une partie fermée de E_s et l'on a $E = \bigcup_{n \geqslant 1} B_n$. Il existe donc un entier $n \geqslant 1$ tel que $\mu(E - B_n) < \frac{\varepsilon}{2}$. La formule

$$Q(x) = \frac{1}{2} \int_{B_n} (x|y)^2 \, d\mu(y) \tag{65}$$

définit une forme quadratique positive Q sur E. Posons $C = \frac{n^2}{2} \mu(B_n)$. Si $(e_1, \ldots, e_p)$ est une suite orthonormale finie dans E, on a

$$\sum_{j=1}^{p} (e_j|y)^2 \leqslant \|y\|^2 \leqslant n^2$$

pour tout $y \in B_n$ d'après l'inégalité de Bessel. Par intégration, on en déduit

$$\sum_{j=1}^{p} Q(e_j) = \frac{1}{2} \int_{B_n} \sum_{j=1}^{p} (e_j|y)^2 \, d\mu(y) \leqslant \frac{n^2}{2} \mu(B_n) = C,$$

donc Q est nucléaire.

Par ailleurs, on a $1 - \cos t \leqslant \inf\left(2, \frac{t^2}{2}\right)$ pour tout nombre réel t, d'où

$$\begin{aligned} \Phi(0) - \mathscr{R}\Phi(x) &= \int_E (1 - \cos (x|y)) \, d\mu(y) \\ &\leqslant \int_{B_n} \tfrac{1}{2} (x|y)^2 \, d\mu(y) + \int_{E-B_n} 2 . d\mu(y) \\ &= Q(x) + \varepsilon \end{aligned}$$

pour tout $x \in E$. Donc *b*) est vérifiée.

C.Q.F.D.

COROLLAIRE 1. — *Soient* E_1 *et* E_2 *deux espaces de Hilbert, u une application de Hilbert–Schmidt de* E_1 *dans* E_2 *et* μ *une promesure sur* E_1. *On suppose que la transformée de Fourier* Φ *de* μ *est continue sur* E_1. *Alors la promesure* $\nu = u(\mu)$ *est une mesure sur* E_2 *muni de la topologie faible.*

Avec les identifications de E_1 et E_2 à leurs duals introduites dans ce n°, la transformée de Fourier de ν est égale à $\Phi \circ u^*$ où u^* est l'adjointe de u. Or u^* est une application de Hilbert–Schmidt de E_2 dans E_1 (Annexe, n° 2), et la forme quadratique $y \mapsto \|u^*(y)\|^2$ sur E_2 est donc nucléaire. Si $(E_2)_{\mathscr{S}}$ désigne E_2 muni de la topologie de Sazonov, u^* est donc une application linéaire continue de $(E_2)_{\mathscr{S}}$ dans E_1 et $\mathscr{F}\nu = \Phi \circ u^*$ est continue sur $(E_2)_{\mathscr{S}}$; le théorème 3 montre alors que ν est une mesure sur l'espace E_2 muni de la topologie faible.

COROLLAIRE 2. — *Soit Q une forme quadratique positive nucléaire sur l'espace hilbertien* E. *La promesure gaussienne* Γ_Q *de variance* Q *sur* E *est une mesure sur* E_s.

La transformée de Fourier Φ de Γ_Q est égale à $e^{-Q/2}$. Or on a $e^t \geqslant 1 + t$ pour tout nombre réel t, d'où $\Phi(0) - \mathscr{R}\Phi \leqslant Q/2$. La condition *b*) du théorème 3 est donc vérifiée et Γ_Q est une mesure sur E_s.

Remarques. — 1) Soient E un espace hilbertien, E_s l'espace E muni de la topologie faible et j l'application identique de E dans E_s. On sait que j définit une bijection de l'ensemble des promesures sur E sur l'ensemble correspondant pour E_s. Par ailleurs, si E est de type dénombrable, c'est un espace polonais et j définit une bijection de l'ensemble des mesures bornées sur E sur l'ensemble des mesures bornées sur E_s (§ 3, n° 3, *Remarque*); on peut montrer (théorème de Phillips) que ce théorème subsiste si E n'est pas de type dénombrable. Par suite, le théorème 3 fournit des critères pour qu'une promesure sur E soit une mesure.

2) On peut montrer (Annexe, exerc. 7b) que la topologie de Sazonov sur un espace hilbertien E est définie par les semi-normes du type $Q^{1/2}$ où Q est une forme quadratique positive *nucléaire* sur E.

*12. Relations avec les fonctions de type positif

DÉFINITION 3. — *Soit* G *un groupe. On dit qu'une fonction* Φ *sur* G *à valeurs complexes est de type positif si l'on a les inégalités*

$$\sum_{j,k=1}^{p} c_j\bar{c}_k\Phi(x_j x_k^{-1}) \geqslant 0 \tag{66}$$

quels que soient $x_1, \ldots, x_p$ *dans* G *et les nombres complexes* $c_1, \ldots, c_p$.

Cette notion sera étudiée en détail plus tard.

PROPOSITION 11. — *Soient* E *un espace vectoriel de dimension finie,* μ *une mesure (positive) bornée sur* E *et* Φ *la transformée de Fourier de* μ. *La fonction* Φ *est continue et de type positif sur* E'.

La continuité de Φ résulte de la prop. 9 du n° 8.

Montrons que Φ est de type positif. Soient $x'_1, \ldots, x'_p$ dans E' et $c_1, \ldots, c_p$ des nombres complexes. On a

$$\sum_{j,k} c_j\bar{c}_k\Phi(x'_j - x'_k) = \int_E \sum_{j,k} c_j\bar{c}_k\, e^{i\langle x, x'_j - x'_k\rangle}\, d\mu(x)$$
$$= \int_E \left|\sum_{j=1}^{p} c_j\, e^{i\langle x, x'_j\rangle}\right|^2 d\mu(x) \geqslant 0.$$

C.Q.F.D.

On peut démontrer une réciproque connue sous le nom de *théorème de Bochner*: toute fonction continue de type positif sur E' est la transformée de Fourier d'une mesure (positive) bornée [1]. Nous admettrons ce résultat dans la suite du n° 12.

[1] Cette question sera étudiée dans un chapitre à paraître du Livre de Théories Spectrales. Le lecteur pourra se reporter à ce sujet à LOOMIS, *Abstract Harmonic Analysis*, van Nostrand, New-York, 1953.

THÉORÈME 4. — *Soit* E *un espace localement convexe. La transformation de Fourier est une bijection de l'ensemble des promesures sur* E *sur l'ensemble des fonctions de type positif sur* E' *dont la restriction à tout sous-espace de dimension finie est continue.*

On sait (n° 3, prop. 3) que la transformation de Fourier est injective. Soient $\mu = (\mu_V)_{V \in \mathscr{F}(E)}$ une promesure sur E et Φ sa transformée de Fourier. Soit T un sous-espace de dimension finie de E' et soit V l'orthogonal de T dans E. On peut identifier T au dual de E/V; la restriction Φ_T de Φ à T est la transformée de Fourier de la mesure bornée μ_V sur E/V. D'après la prop. 11, Φ_T est continue et de type positif sur T. Vu l'arbitraire de T, il est clair que Φ est de type positif sur E'.

Réciproquement, soit Φ une fonction de type positif sur E' dont la restriction à tout sous-espace de dimension finie de E soit continue. Pour tout $V \in \mathscr{F}(E)$, on identifie le dual de E/V à l'orthogonal V^0 de V dans E'; la restriction Φ_V de Φ à V^0 est continue et de type positif, et d'après le théorème de Bochner, il existe donc une mesure (positive) bornée μ_V sur E/V dont la transformée de Fourier soit Φ_V. Soient V et W dans $\mathscr{F}(E)$ avec $W \subset V$, et soit p_{VW} l'application canonique de E/W sur E/V; avec les identifications faites, ${}^t p_{VW}$ est l'injection de V^0 dans W^0. D'après la formule (4) du n° 3, on a alors

$$\mathscr{F}(p_{VW}(\mu_W)) = (\mathscr{F}\mu_W) \circ {}^t p_{VW} = \Phi_W \circ {}^t p_{VW} = \Phi_V = \mathscr{F}\mu_V$$

d'où $p_{VW}(\mu_W) = \mu_V$ d'après la prop. 3 du n° 3. Par suite, la famille $\mu = (\mu_V)_{V \in \mathscr{F}(E)}$ est une promesure sur E; il est clair que Φ est la transformée de Fourier de μ.

COROLLAIRE. — *Soit* F *un espace nucléaire tonnelé; on munit* F' *d'une topologie localement convexe* $\mathscr{T}$ *intermédiaire entre la topologie faible* $\sigma(F', F)$ *et la topologie de la convergence uniforme sur les parties compactes et convexes de* F. *La transformation de Fourier est une bijection de l'ensemble des mesures (positives) bornées sur* F' *sur l'ensemble des fonctions continues de type positif sur* F.

Cela résulte immédiatement du th. 4 et du cor. du th. 2 du n° 10.$_*$

ANNEXE

COMPLÉMENTS SUR LES ESPACES HILBERTIENS

1. Trace d'une forme quadratique par rapport à une autre

Dans ce n°, on note E un espace vectoriel réel et Q, H deux formes quadratiques positives sur E. Il existe deux formes bilinéaires symétriques $(x, y) \mapsto (x|y)_Q$ et $(x, y) \mapsto (x|y)_H$ caractérisées par

$$Q(x) = (x|x)_Q, \qquad H(x) = (x|x)_H$$

pour tout $x \in E$.

On appelle *trace de Q par rapport à* H, et l'on note $\mathrm{Tr}(Q/H)$ le nombre réel positif, fini ou non, défini comme suit:

a) S'il existe $x \in E$ avec $H(x) = 0$ et $Q(x) \neq 0$, on pose $\mathrm{Tr}(Q/H) = +\infty$.

b) Dans le cas contraire, $\mathrm{Tr}(Q/H)$ est la borne supérieure de l'ensemble des nombres de la forme $\sum_{i=1}^{p} Q(e_i)$ où $(e_1, \ldots, e_p)$ parcourt l'ensemble des suites finies d'éléments de E orthonormales pour H.

Soient E un espace hilbertien réel et Q une forme quadratique positive sur E. Posons $H(x) = \|x\|^2$ pour tout $x \in E$; alors H est une forme quadratique positive sur E. On dit que Q est *nucléaire* si $\mathrm{Tr}(Q/H)$ est fini. Pour tout $x \in E$ de norme 1, on a $Q(x) \leqslant \mathrm{Tr}(Q/H)$, d'où $Q \leqslant \mathrm{Tr}(Q/H).H$; en particulier toute forme nucléaire Q est continue.

Remarques. — 1) Pour tout sous-espace F de E, notons Q_F la restriction de Q à F et H_F celle de H. On a $\mathrm{Tr}(Q_F/H_F) \leqslant \mathrm{Tr}(Q/H)$ et $\mathrm{Tr}(Q/H)$ est la borne supérieure des nombres $\mathrm{Tr}(Q_F/H_F)$ pour $F \subset E$ de dimension finie.

2) Soient E_1 un espace vectoriel réel, Q_1 et H_1 deux formes quadratiques positives sur E_1 et $\pi\colon E \to E_1$ une application linéaire surjective. Si $Q = Q_1 \circ \pi$ et $H = H_1 \circ \pi$, on a $\mathrm{Tr}(Q/H) = \mathrm{Tr}(Q_1/H_1)$.

PROPOSITION 1. — *On suppose que* E *est de dimension finie et* H *non dégénérée.*

a) *Il existe un endomorphisme u de* E *caractérisé par* $(x|y)_Q = (u(x)|y)_H$ *pour* x, y *dans* E.

b) *On a* $\mathrm{Tr}(Q/H) = \mathrm{Tr}(u)$.

c) *On a* $\mathrm{Tr}(Q/H) = \sum_{i=1}^{m} Q(e_i)$ *pour toute base* $(e_1, \ldots, e_m)$ *de* E *orthonormale pour* H.

a) résulte de ce que la forme bilinéaire $(x, y) \mapsto (x|y)_H$ est non dégénérée. Toute suite orthonormale pour H dans E peut être complétée en une base de E orthonormale pour H. Par suite, $\mathrm{Tr}(Q/H)$ est la borne supérieure de l'ensemble des nombres de la forme $\sum_{i=1}^{m} Q(e_i)$ pour toutes les bases $(e_1, \ldots, e_m)$ de E orthonormales pour H. Pour prouver *b*) et *c*), il suffit de montrer que l'on a $\sum_{i=1}^{m} Q(e_i) = \mathrm{Tr}(u)$ pour toute base de cette sorte. Posons $a_{ij} = (u(e_i)|e_j)_H = (e_i|e_j)_Q$ pour $1 \leqslant i, j \leqslant m$; on a $u(e_i) = \sum_{j=1}^{m} a_{ij}e_j$ pour $1 \leqslant i \leqslant m$, d'où

$$\mathrm{Tr}(u) = \sum_{i=1}^{m} a_{ii} = \sum_{i=1}^{m} (e_i|e_i)_Q = \sum_{i=1}^{m} Q(e_i).$$

C.Q.F.D.

PROPOSITION 2. — *On suppose que* E *est de dimension finie. Il existe une base* $(e_1, \ldots, e_n)$ *de* E *et un entier* m *avec* $0 \leqslant m \leqslant n$ *tels que*

$$\mathrm{H}\Big(\sum_{i=1}^{n} t_i e_i\Big) = \sum_{i=1}^{m} t_i^2 \tag{1}$$

pour $t_1, \ldots, t_n$ *réels. Si, de plus, la relation* $\mathrm{H}(x) = 0$ *entraîne* $Q(x) = 0$ *pour tout* $x \in E$, *on a* $\mathrm{Tr}(Q/H) = \sum_{i=1}^{m} Q(e_i)$.

Il existe une base orthogonale $(e'_1, \ldots, e'_n)$ de E pour H. On peut supposer cette base numérotée de sorte que l'on ait $\mathrm{H}(e'_i) > 0$ pour $1 \leqslant i \leqslant m$ et $\mathrm{H}(e'_i) = 0$ pour $m < i \leqslant n$. On posera alors $e_i = e'_i/\mathrm{H}(e'_i)^{1/2}$ pour $1 \leqslant i \leqslant m$ et $e_i = e'_i$ pour $m < i \leqslant n$; la relation (1) est vérifiée.

Soit F le sous-espace de E engendré par $e'_{m+1}, \ldots, e'_n$; c'est l'ensemble des $x \in E$ tels que $\mathrm{H}(x) = 0$. On note π l'application canonique de E sur $E_1 = E/F$. Comme Q et H sont nulles sur F, il existe deux formes quadratiques positives Q_1 et H_1 sur E_1 telles que $Q = Q_1 \circ \pi$ et $H = H_1 \circ \pi$. De plus, $(\pi(e_1), \ldots, \pi(e_m))$ est une base de E_1, orthonormale pour H_1 et H_1 est donc non dégénérée.

D'après la prop. 1 et la *Remarque* 2, on a

$$\mathrm{Tr}(Q/H) = \mathrm{Tr}(Q_1/H_1) = \sum_{i=1}^{m} Q_1(\pi(e_i)) = \sum_{i=1}^{m} Q(e_i).$$

C.Q.F.D.

Remarque 3). — Supposons E de dimension finie et H non dégénérée. Soit $(e_1, \ldots, e_n)$ une base de E. On pose $q = ((e_i|e_j)_Q)_{1 \leqslant i, j \leqslant n}$ et $h = ((e_i|e_j)_H)_{1 \leqslant i, j \leqslant n}$. Avec les notations de la prop. 1, la matrice de u dans la base $(e_1, \ldots, e_n)$ de E est égale à $h^{-1}q$, d'où

$$\mathrm{Tr}(Q/H) = \mathrm{Tr}(h^{-1}q) = \mathrm{Tr}(qh^{-1}). \tag{2}$$

2. Applications de Hilbert-Schmidt

Soit E un espace hilbertien réel, dans lequel le produit scalaire est noté $(x|y)$. Il existe une isométrie j_E de E sur son dual caractérisée par la formule

$$(3) \qquad (x|y) = \langle x, j_E(y)\rangle \qquad \text{pour} \quad x, y \text{ dans E}$$

(*Esp. vect. top.*, chap. V, § 1, nº 6, th. 3).

Soient E_1 et E_2 deux espaces hilbertiens réels et u une application linéaire continue de E_1 dans E_2. On appelle *adjointe de u* l'application linéaire continue $u^* = j_{E_1}^{-1} \circ {}^t u \circ j_{E_2}$ de E_2 dans E_1. L'application u^* est caractérisée par la relation

$$(4) \qquad (u(x_1)|x_2) = (x_1|u^*(x_2)) \qquad \text{pour} \quad x_1 \in E_1, \quad x_2 \in E_2.$$

Si v est une application linéaire continue de E_2 dans un espace de Hilbert E_3, on a $(v \circ u)^* = u^* \circ v^*$.

Soient E_1 et E_2 deux espaces hilbertiens réels et u une application linéaire de E_1 dans E_2. On définit sur E_1 deux formes quadratiques positives H et Q par les formules

$$H(x) = \|x\|^2, \qquad Q(x) = \|u(x)\|^2 \qquad (x \in E_1).$$

PROPOSITION 3. — *Supposons u continue. Soient* $(e_i)_{i \in I}$ *une base orthonormale de* E_1 *et* $(f_j)_{j \in J}$ *une base orthonormale de* E_2. *On a*

$$\mathrm{Tr}\,(Q/H) = \sum_{i \in I} \|u(e_i)\|^2 = \sum_{j \in J} \|u^*(f_j)\|^2 = \sum_{i \in I} \sum_{j \in J} (u(e_i)|f_j)^2.$$

Pour tout $x \in E_1$, on a $\|x\|^2 = \sum_{i \in I} (x|e_i)^2$ et de même $\|y\|^2 = \sum_{j \in J} (y|f_j)^2$ pour tout $y \in E_2$. Par suite, on a

$$\begin{aligned}\sum_{i \in I} \|u(e_i)\|^2 &= \sum_{i \in I} \sum_{j \in J} (u(e_i)|f_j)^2 \\ &= \sum_{j \in J} \sum_{i \in I} (e_i|u^*(f_j))^2 \\ &= \sum_{j \in J} \|u^*(f_j)\|^2.\end{aligned}$$

En particulier, le nombre $\sum_{i \in I} \|u(e_i)\|^2$ ne dépend pas de la base orthonormale $(e_i)_{i \in I}$ de E_1.

Posons $t = \mathrm{Tr}(Q/H)$. Pour toute partie finie I' de I, on a par définition

$$\sum_{i \in I'} \|u(e_i)\|^2 = \sum_{i \in I'} Q(e_i) \leqslant t,$$

d'où $\sum_{i \in I} \|u(e_i)\|^2 \leqslant t$. Soit $(e'_1, \ldots, e'_p)$ une suite orthonormale finie dans E. On peut compléter cette suite en une base orthonormale $(e'_\alpha)_{\alpha \in A}$ de E_1. On a alors

$$\sum_{\alpha=1}^{p} \|u(e'_\alpha)\|^2 \leqslant \sum_{\alpha \in A} \|u(e'_\alpha)\|^2 = \sum_{i \in I} \|u(e_i)\|^2$$

et, en passant à la borne supérieure sur $(e'_1, \ldots, e'_p)$, on trouve l'inégalité $t \leqslant \sum_{i \in I} \|u(e_i)\|^2$. On a donc établi l'égalité $t = \sum_{i \in I} \|u(e_i)\|^2$.

C.Q.F.D.

On dira que u est une *application de Hilbert-Schmidt* de E_1 dans E_2 si la forme quadratique positive $Q: x \mapsto \|u(x)\|^2$ sur E_1 est nucléaire. S'il en est ainsi, on a $Q \leqslant \mathrm{Tr}(Q/H).H$, donc u est continue et l'on a

$$\|u\| \leqslant \mathrm{Tr}(Q/H)^{1/2}.$$

Soit $u: E_1 \rightarrow E_2$ une application linéaire continue. D'après la prop. 3, u est une application de Hilbert-Schmidt si et seulement s'il existe une base orthonormale $(e_i)_{i \in I}$ de E_1 telle que $\sum_{i \in I} \|u(e_i)\|^2 < +\infty$. S'il en est ainsi, toute base orthonormale de E_1 a la même propriété. De plus, si u est une application de Hilbert-Schmidt, il en est de même de son adjointe u^* en vertu de la formule $\sum_{i \in I} \|u(e_i)\|^2 = \sum_{j \in J} \|u^*(f_j)\|^2$ (prop. 3).

Exercices

§ 1

1) Soient T un ensemble et p un encombrement sur T. Pour toute partie A de T, on pose $p(\mathrm{A}) = p(\varphi_{\mathrm{A}})$.
a) On a $p(\mathrm{A}) \leqslant p(\mathrm{B})$ lorsque A est contenue dans B.
b) Pour toute suite (A_n), finie ou non, de parties de T, on a $p(\bigcup_n \mathrm{A}_n) \leqslant \sum_n p(\mathrm{A}_n)$.
c) Pour toute suite croissante $(\mathrm{A}_n)_{n \geqslant 1}$ de parties de T, on a $p(\bigcup_n \mathrm{A}_n) = \lim_{n \to \infty} p(\mathrm{A}_n)$.

2) Soient T un ensemble et p un encombrement sur T. On dit qu'une fonction $f \in \mathscr{F}_+(\mathrm{T})$ (resp. une partie A de T) est p-négligeable si l'on a $p(f) = 0$ (resp. $p(\mathrm{A}) = 0$).
a) Soient f et g dans $\mathscr{F}_+(\mathrm{T})$ et t un nombre réel positif tels que $f \leqslant t.g$. Si g est p-négligeable, il en est de même de f. La somme et l'enveloppe supérieure d'une suite de fonctions p-négligeables sont p-négligeables.
b) Toute partie d'un ensemble p-négligeable est p-négligeable, ainsi que la réunion d'une suite (finie ou infinie) d'ensembles p-négligeables.
c) Soit $f \in \mathscr{F}_+(\mathrm{T})$. Pour tout nombre réel fini $a > 0$, on note T_a l'ensemble des $t \in \mathrm{T}$ tels que $f(t) \geqslant a$. Montrer que l'on a $p(\mathrm{T}_a) \leqslant a^{-1}.p(f)$. En déduire que f est p-négligeable si et seulement si l'ensemble des $t \in \mathrm{T}$ tels que $f(t) \neq 0$ est p-négligeable.
d) Soit $f \in \mathscr{F}_+(\mathrm{T})$. Si $p(f)$ est fini, l'ensemble des $t \in \mathrm{T}$ tels que $f(t)$ soit infini est p-négligeable.
e) Soient f et g dans $\mathscr{F}_+(\mathrm{T})$. Si l'ensemble des $t \in \mathrm{T}$ tels que $f(t) \neq g(t)$ est p-négligeable, on a $p(f) = p(g)$.

3) Soient T un ensemble et p un encombrement sur T. Pour toute suite $(f_n)_{n \geqslant 1}$ d'éléments de $\mathscr{F}_+(\mathrm{T})$, on a $p(\liminf_{n \to \infty} f_n) \leqslant \liminf_{n \to \infty} p(f_n)$.

4) Soient T un ensemble, M un encombrement sur T, E un espace de Banach réel ou complexe et p un nombre réel fini tel que $p \geqslant 1$. On note $\mathscr{F}$ l'ensemble des applications de T dans E, et pour f dans $\mathscr{F}$ ou dans $\mathscr{F}_+(\mathrm{T})$, on pose $\mathrm{N}_p(f) = \mathrm{M}(|f|^p)^{1/p}$.
a) Pour toute suite $(f_n)_{n \geqslant 1}$ d'éléments de $\mathscr{F}_+(\mathrm{T})$, on a $\mathrm{N}_p\Big(\sum_{n \geqslant 1} f_n\Big) \leqslant \sum_{n \geqslant 1} \mathrm{N}_p(f_n)$.
b) Soit $\mathscr{F}^p$ l'ensemble des $f \in \mathscr{F}$ tels que $\mathrm{N}_p(f)$ soit fini. Montrer que $\mathscr{F}^p$ est un sous-espace vectoriel de $\mathscr{F}$, et N_p une semi-norme sur $\mathscr{F}^p$. Montrer que l'ensemble $\mathscr{N}$ des $f \in \mathscr{F}^p$ tels que $\mathrm{N}_p(f) = 0$ est égal à l'ensemble des $f \in \mathscr{F}$ nulles en dehors d'un ensemble M-négligeable. Montrer que l'espace normé $\mathscr{F}^p/\mathscr{N}$ est complet (cf. chap. IV, § 3, n° 3).

5) Soit T un ensemble. On note $\mathscr{B}_+(\mathrm{T})$ l'ensemble des fonctions réelles positives bornées sur T et p_0 une application de $\mathscr{B}_+(\mathrm{T})$ dans l'intervalle $[0, +\infty]$ de $\overline{\mathbf{R}}$ satisfaisant aux conditions *a*) à *d*) de la déf. 1 du n° 1. Pour toute fonction $f \in \mathscr{F}_+(\mathrm{T})$, on note $p(f)$ la borne supérieure de l'ensemble des nombres $p_0(f_0)$ où f_0 parcourt l'ensemble des fonctions bornées majorées par f. Montrer que p est un encombrement sur T. Question analogue en remplaçant $\mathscr{B}_+(\mathrm{T})$ par l'ensemble des fonctions réelles positives (finies) sur T.

6) Soient T un ensemble, $\mathscr{I}_+$ une partie de $\mathscr{F}_+(T)$ et M une application de $\mathscr{I}_+$ dans $\overline{\mathbf{R}}_+$. On fait les hypothèses suivantes:
a) Pour tout $f \in \mathscr{I}_+$ et tout nombre réel $t \geqslant 0$, la fonction $t.f$ appartient à $\mathscr{I}_+$ et l'on a $M(t.f) = t.M(f)$.
b) Si f et g appartiennent à $\mathscr{I}_+$, il en est de même de $f + g$, $\sup(f, g)$ et $\inf(f, g)$ et l'on a $M(f + g) = M(f) + M(g)$.
c) Pour toute suite croissante $(f_n)_{n \geqslant 1}$ d'éléments de $\mathscr{I}_+$, la fonction $f = \sup\limits_n f_n$ appartient à $\mathscr{I}_+$ et l'on a $M(f) = \lim\limits_{n \to \infty} M(f_n)$.
Pour toute fonction $f \in \mathscr{F}_+(T)$, on pose $p(f) = \inf\limits_{\substack{g \in \mathscr{I}_+ \\ g \geqslant f}} M(g)$. Montrer que p est un encombrement sur T (cf. chap. IV, § 1, n° 3). Si f et g appartiennent à $\mathscr{F}_+(T)$ et si A et B sont des parties de T, on a $p(\sup(f,g)) + p(\inf(f,g)) \leqslant p(f) + p(g)$ et $p(A \cup B) + p(A \cap B) \leqslant p(A) + p(B)$.

7) Sur un espace de Lindelöf, toute mesure, toute fonction et tout ensemble sont modérés.

¶8) Nous reprenons les notations de l'exerc. 5 du chap. IV, § 1. On rappelle que l'on a $\mu = \sum\limits_{k=-\infty}^{\infty} \sum\limits_{n=1}^{\infty} n^{-3} \varepsilon_{(1/n, k/n^2)}$ et $\mu^*(D) = +\infty$. Montrer que l'on a $\mu^\bullet(D) = 0$; en déduire que μ n'est pas modérée, bien qu'elle soit somme d'une série de mesures à supports compacts disjoints. Montrer qu'il existe une partition $(X_n)_{n \in \mathbf{N}}$ de X en parties boréliennes X_n telles que $\mu^\bullet(X_n)$ soit fini pour tout $n \in \mathbf{N}$.

9) Soit T un espace topologique. Si λ et μ sont deux mesures positives sur T telles que $\lambda^\bullet(U) = \mu^\bullet(U)$ pour tout ouvert U de T, on a $\lambda = \mu$ (prouver d'abord que l'on a $\lambda^\bullet(f) = \mu^\bullet(f)$ pour toute fonction semi-continue inférieurement $f \geqslant 0$ sur T, puis que l'on a $\lambda^\bullet = \mu^\bullet$).

10) Soient T un espace topologique et μ une mesure positive sur T; on suppose que T est réunion d'une suite d'ensembles μ-intégrables T_n ($n \geqslant 0$). On note $\mathfrak{C}$ le clan de parties de T engendré par les parties compactes.
a) Soit X un espace lusinien. Pour toute application μ-mesurable f de T dans X, il existe une suite d'applications $f_m : T \to X$ ayant les propriétés suivantes: α) pour μ-presque tout $t \in T$, on a $f(t) = \lim\limits_{m \to \infty} f_m(t)$; β) pour tout entier m, il existe une partition finie de T en ensembles $A_j \in \mathfrak{C}$ telle que f_m soit constante sur chacun des ensembles A_j (se ramener au cas où les ensembles T_n forment une partition de T, où T_0 est μ-négligeable et T_n compact pour $n \geqslant 1$, et où X est un espace polonais).
b) Soient $X_1, \ldots, X_p$ des espaces lusiniens, Y un espace topologique, g une application de $X_1 \times \cdots \times X_p$ dans Y, et f_i (pour $1 \leqslant i \leqslant p$) une application μ-mesurable de T dans X_i. On suppose que, pour $1 \leqslant i \leqslant p$, l'application partielle $x_i \mapsto g(x_1, \ldots, x_p)$ de X_i dans Y est continue quels que soient $x_1, \ldots, x_{i-1}, x_{i+1}, \ldots, x_p$. Montrer que l'application $t \mapsto g(f_1(t), \ldots, f_p(t))$ de T dans Y est μ-mesurable.

§ 2

1) Soient T_1 et T_2 deux espaces topologiques et f une application continue *injective* de T_1 dans T_2. Montrer que l'application $\mu \mapsto f(\mu)$ est une bijection de $\mathscr{M}^b(T_1)$ sur le sous-espace de $\mathscr{M}^b(T_2)$ formé des mesures portées par $f(T_1)$.

2) Donner un exemple de deux espaces topologiques T_1 et T_2 et d'une application continue bijective f de T_1 sur T_2 telle que l'application $\mu \mapsto f(\mu)$ de $\mathscr{M}^b_+(T_1)$ dans $\mathscr{M}^b_+(T_2)$ ne soit pas surjective.

3) Soient X un ensemble, et $\mathscr{T}$, $\mathscr{T}'$ deux topologies séparées sur X, $\mathscr{T}'$ étant moins fine que $\mathfrak{T}$. On note T (resp. T') l'ensemble X muni de la topologie $\mathscr{T}$ (resp. $\mathscr{T}'$) et j l'application identique de T dans T' (qui est continue). On suppose que toute mesure positive et bornée

sur T′ est portée par la réunion d'une suite de parties compactes de T. Pour toute topologie $\mathscr{S}$ intermédiaire entre $\mathscr{T}$ et $\mathscr{T}'$, on note $T_{\mathscr{S}}$ l'ensemble X muni de la topologie $\mathscr{S}$. Montrer que l'ensemble des mesures bornées sur $T_{\mathscr{S}}$ est indépendant de $\mathscr{S}$.

§ 3

1) Soient E un ensemble, Φ un clan de parties de E, et m une fonction additive d'ensembles définie dans Φ. On note $\mathscr{E}(\Phi)$ l'espace vectoriel des fonctions réelles Φ-étagées sur E, et J la forme linéaire sur $\mathscr{E}(\Phi)$ telle que $J(\varphi_A) = m(A)$ pour tout $A \in \Phi$.
a) Pour tout $A \in \Phi$, on pose $m_+(A) = \sup\limits_{\substack{B \subset A \\ B \in \Phi}} m(B)$ et $m_-(A) = \sup\limits_{\substack{B \subset A \\ B \in \Phi}} (-m(B))$. Montrer que $|m|(A) = m_+(A) + m_-(A)$ est la borne supérieure de l'ensemble des nombres de la forme $\sum\limits_{i=1}^{p} |m(A_i)|$ pour toutes les partitions finies $(A_i)_{1 \leqslant i \leqslant p}$ de A en ensembles appartenant à Φ.
b) On dit que m est *relativement bornée* si l'ensemble des nombres de la forme $m(B)$ pour $B \in \Phi$, $B \subset A$ est borné quel que soit l'ensemble $A \in \Phi$. Montrer que les conditions suivantes sont équivalentes: α) m est relativement bornée; β) la forme linéaire J sur l'espace de Riesz $\mathscr{E}(\Phi)$ est relativement bornée; γ) m est différence de deux fonctions additives d'ensembles positives sur Φ; δ) $|m|(A)$ est fini pour tout $A \in \Phi$ (raisonner en cercle α) ⇒ β) ⇒ γ) ⇒ δ) ⇒ α)).
c) On suppose que m est relativement bornée. Montrer que les fonctions d'ensembles $|m|$, m_+ et m_- sont additives et que l'on a $m = m_+ - m_-$ (utiliser le th. 1 du chap. II, § 2, n° 1). De plus, si m' et m'' sont des fonctions d'ensembles additives et positives sur Φ telles que $m = m' - m''$, on a $m' \geqslant m_+$ et $m'' \geqslant m_-$.
d) On dit que m est *dénombrablement additive* si l'on a $m(A) = \sum\limits_{n \geqslant 1} m(A_n)$ pour toute partition dénombrable $(A_n)_{n \geqslant 1}$ d'un ensemble $A \in \Phi$ en ensembles appartenant à Φ. Montrer que cette condition signifie que l'on a $\lim\limits_{n \to \infty} m(A_n) = 0$ pour toute suite décroissante $(A_n)_{n \geqslant 1}$ d'éléments de Φ telle que $\bigcap\limits_{n \geqslant 1} A_n = \varnothing$. Si m est dénombrablement additive, montrer que $|m|$ est dénombrablement additive.

2) Soient E un ensemble, Φ un clan de parties de E et V un espace de Riesz complètement réticulé. On dit qu'une application m de Φ dans V est positive si l'on a $m(A) \geqslant 0$ pour tout $A \in \Phi$, qu'elle est additive si l'on a $m(A \cup B) = m(A) + m(B)$ lorsque les ensembles $A \in \Phi$ et $B \in \Phi$ sont disjoints, et qu'elle est relativement bornée si l'ensemble des éléments $m(B)$ pour $B \in \Phi$, $B \subset A$ est majoré dans V quel que soit $A \in \Phi$.
a) Soit m une application relativement bornée de Φ dans V. On définit pour tout A les éléments $m_+(A)$, $m_-(A)$ et $|m|(A)$ de V comme dans l'exerc. 1, *a*). Montrer que $|m|(A)$ est la borne supérieure de l'ensemble des éléments de V de la forme $\sum\limits_{i=1}^{p} |m(A_i)|$ pour toutes les partitions finies $(A_i)_{1 \leqslant i \leqslant p}$ de A en ensembles appartenant à Φ. En déduire que l'application $|m|$ de Φ dans V est additive, puis que m est différence des applications additives et positives m_+ et m_- de Φ dans V.
b) Soient m' et m'' deux applications additives et positives de Φ dans V et $m = m' - m''$. Montrer que m est relativement bornée, et que l'on a $m' \geqslant m_+$ et $m'' \geqslant m_-$.
c) Généraliser l'exerc. 1, *d*).

3) Soient E un ensemble et $\mathfrak{T}$ une tribu de parties de E. On note $\mathscr{M}$ l'ensemble des applications f de E dans $\overline{\mathbf{R}}_+$ telles que l'ensemble des $x \in E$ pour lesquels $f(x) \geqslant c$ appartienne à $\mathfrak{T}$ pour tout $c \in \overline{\mathbf{R}}_+$.
a) Montrer que la limite supérieure et la limite inférieure de toute suite d'éléments de $\mathscr{M}$ appartient à $\mathscr{M}$ (étudier d'abord les suites croissantes ou décroissantes).
b) Montrer que $\mathfrak{T}$ est l'ensemble des parties de E dont la fonction caractéristique appartient à $\mathscr{M}$.

c) Soit $f \in \mathcal{M}$. Pour toute partie borélienne B de $\overline{\mathbf{R}}_+$, l'ensemble $f^{-1}(B)$ appartient à $\mathfrak{T}$ (l'ensemble des parties B de $\overline{\mathbf{R}}_+$ telles que $f^{-1}(B) \in \mathfrak{T}$ est une tribu, contenant les intervalles $(c, +\infty)$).
d) Soient $f_1, \ldots, f_n$ dans $\mathcal{M}$ et soit φ une application borélienne de $(\overline{\mathbf{R}}_+)^n$ dans $\overline{\mathbf{R}}_+$; montrer que l'application $x \mapsto \varphi(f_1(x), \ldots, f_n(x))$ de E dans $\overline{\mathbf{R}}_+$ appartient à $\mathcal{M}$. En déduire que $\mathcal{M}$ contient la somme de toute série d'éléments de $\mathcal{M}$.
e) Montrer que $\mathcal{M}$ est l'ensemble des limites de suites croissantes de fonctions positives finies $\mathfrak{T}$-étagées.

4) Les notations et hypothèses sont celles de l'exercice précédent. On appelle *mesure abstraite* sur $(E, \mathfrak{T})$ toute application m de $\mathfrak{T}$ dans $\overline{\mathbf{R}}_+$ ayant la propriété suivante: pour toute suite $(A_n)_{n \in \mathbf{N}}$ d'ensembles appartenant à $\mathfrak{T}$, deux à deux disjoints, on a $m(\bigcup_{n \in \mathbf{N}} A_n) = \sum_{n \in \mathbf{N}} m(A_n)$. On appelle *intégrale* sur $(E, \mathfrak{T})$ toute application J de $\mathcal{M}$ dans $\overline{\mathbf{R}}_+$ satisfaisant aux conditions suivantes: α) on a $J(\lambda . f) = \lambda . J(f)$ pour $\lambda \in \overline{\mathbf{R}}_+$ et $f \in \mathcal{M}$ (avec la convention usuelle $0 . (+\infty) = 0$); β) on a $J\left(\sum_{n \in \mathbf{N}} f_n\right) = \sum_{n \in \mathbf{N}} J(f_n)$ pour toute suite $(f_n)_{n \in \mathbf{N}}$ d'éléments de $\mathcal{M}$.
a) Soit J une intégrale sur $(E, \mathfrak{T})$; pour toute partie $A \in \mathfrak{T}$, on pose $m_J(A) = J(\varphi_A)$; montrer que m_J est une mesure abstraite et que l'application $J \mapsto m_J$ est une bijection de l'ensemble des intégrales sur $(E, \mathfrak{T})$ sur l'ensemble des mesures abstraites sur $(E, \mathfrak{T})$ (si m est une mesure abstraite, définir d'abord $J(f)$ par linéarité pour les fonctions positives finies $\mathfrak{T}$-étagées et utiliser l'exerc. 3, *e*)). Si m est une mesure abstraite, on notera m^* l'intégrale correspondante.
b) Soit m une mesure abstraite sur $(E, \mathfrak{T})$. Pour toute fonction positive f sur E, finie ou non, on pose $m^*(f) = \inf_{g \geqslant f,\, g \in \mathcal{M}} m^*(g)$. Montrer que m^* est un encombrement sur E (imiter la démonstration du th. 3 du chap. IV, § 1, n° 3). On pose $m^*(A) = m^*(\varphi_A)$ pour toute partie A de E.

5) Soient E un ensemble, $\mathfrak{T}$ une tribu de parties de E, m une mesure abstraite sur $(E, \mathfrak{T})$ et $p \geqslant 1$ un nombre réel fini. Pour toute fonction numérique f sur E, on pose $N_p(f) = m^*(|f|^p)^{1/p}$ et l'on note $\mathcal{F}^p$ l'ensemble des fonctions f telles que $N_p(f)$ soit fini (cf. § 1, exerc. 4). On munit l'espace vectoriel $\mathcal{F}^p$ de la semi-norme N_p pour laquelle il est complet.
a) Soit $\mathcal{N}$ l'ensemble des fonctions f telles que $m^*(|f|) = 0$, $\mathcal{V}$ l'espace vectoriel engendré par les fonctions finies appartenant à $\mathcal{M}$, et $\mathcal{L}^p$ le plus petit sous-espace vectoriel fermé de $\mathcal{F}^p$ contenant les fonctions caractéristiques des ensembles $A \in \mathfrak{T}$ tels que $m^*(A)$ soit fini. Montrer que l'on a $\mathcal{L}^p = \mathcal{N} + (\mathcal{V} \cap \mathcal{F}^p)$.
b) Etendre au cas actuel le théorème de Lebesgue (chap. IV, § 3, n° 7, th. 6) et examiner en particulier le cas $p = 1$ (on définira l'intégrale d'une fonction $f \in \mathcal{L}^1$).
c) On dit qu'une partie A de E est m-intégrable si l'on a $\varphi_A \in \mathcal{L}^1$. Montrer qu'il existe alors un ensemble $A' \in \mathfrak{T}$ tel que $m^*(A \cap \complement A') = m^*(A' \cap \complement A) = 0$. Réciproque dans le cas où $m(E)$ est fini.

¶6) Soient E un ensemble, $\mathfrak{T}$ une tribu de parties de E et m une mesure abstraite sur $(E, \mathfrak{T})$. On suppose que $m(E)$ est fini, et que pour tout $B \in \mathfrak{T}$ tel que $m(B) > 0$, il existe un ensemble $A \in \mathfrak{T}$ tel que $A \subset B$ et $0 < m(A) < m(B)$. Pour tout $B \in \mathfrak{T}$ et tout nombre t tel que $0 \leqslant t \leqslant m(B)$, il existe un ensemble $A \in \mathfrak{T}$ tel que $m(A) = t$ et $A \subset B$.

¶7) Soient T un espace topologique, Φ un clan de parties de T et m une application additive relativement bornée (cf. exerc. 1) de Φ dans **R**. On suppose qu'il existe un recouvrement ouvert $\mathfrak{U}$ de T tel que Φ se compose des parties boréliennes de T contenues dans la réunion d'un nombre fini d'éléments de $\mathfrak{U}$. De plus, on suppose que pour tout $A \in \Phi$ et tout $\varepsilon > 0$, il existe une partie compacte K de T et une partie ouverte U de T tels que $K \subset A \subset U$, $U \in \Phi$ et $|m|(U - K) < \varepsilon$. Montrer qu'il existe une mesure (non nécessairement positive) μ sur T telle que $m(A) = \mu^\bullet(A)$ pour tout $A \in \Phi$, et qu'une telle mesure μ est unique (en introduisant la décomposition $m = m_+ - m_-$ de l'exerc. 1, *c*), se ramener au cas où m prend des valeurs positives; traiter d'abord le cas où $T \in \Phi$ et remarquer que m est alors intérieurement régulière; traiter enfin le cas général par recollement de mesures).

8) Soient T un espace topologique et m une application dénombrablement additive (cf. exerc. 1, *d*)) et bornée de $\mathfrak{B}(T)$ dans $\mathbf{R}$. On note $\mathfrak{T}$ l'ensemble des parties boréliennes A de T ayant la propriété suivante: pour tout $\varepsilon > 0$, il existe un ensemble fermé F et un ensemble ouvert U dans T tel que $F \subset A \subset U$ et $|m(B)| < \varepsilon$ pour toute partie borélienne B de $U - F$ (autrement dit, $|m|(U - F) < \varepsilon$). Montrer que $\mathfrak{T}$ est une tribu de parties de T (remarquer d'abord qu'on a $T \in \mathfrak{T}$ et que $\mathfrak{T}$ est un clan; il suffit alors de prouver que si $(A_n)_{n\in\mathbf{N}}$ est une suite d'éléments de $\mathfrak{T}$ deux à deux disjoints, l'ensemble $A = \bigcup_{n\in\mathbf{N}} A_n$ appartient à $\mathfrak{T}$; pour cela, choisir des ensembles fermés F_n et des ensembles ouverts U_n tels que $F_n \subset A_n \subset U_n$ et $|m|(U_n - F_n) < \varepsilon/2^n$, puis poser $F = F_0 \cup \ldots \cup F_p$ pour p assez grand et $U = \bigcup_{n\in\mathbf{N}} U_n$).

9) Soit X un ensemble; on appelle *jauge* toute application dénombrablement additive de $\mathfrak{P}(X)$ dans $\mathbf{R}_+$; on dit qu'une jauge m sur X est *diffuse* si l'on a $m(\{x\}) = 0$ pour tout $x \in X$, et qu'elle est *atomique* s'il existe une fonction positive f sur X telle que $m(A) = \sum_{x\in A} f(x)$ pour toute partie A de X.

a) Montrer que toute jauge sur X se décompose de manière unique en somme d'une jauge diffuse et d'une jauge atomique.

b) Soient X' une partie de X et m' une jauge sur X'; pour toute partie A de X, on pose $m(A) = m'(A \cap X')$. Montre que m est une jauge sur X et qu'elle est diffuse (resp. atomique) si et seulement si m' a la même propriété.

c) Soient m une jauge sur X et $(X_\iota)_{\iota\in I}$ une famille de parties de X deux à deux disjointes. Si toute jauge sur I est atomique, on a $m(\bigcup_{\iota\in I} X_\iota) = \sum_{\iota\in I} m(X_\iota)$.

10) Soit X un ensemble infini non dénombrable, muni d'une relation de bon ordre notée $x \leqslant y$. Pour tout $x \in X$, on note $I(x)$ l'ensemble des $y \in X$ tels que $y < x$. On fait les hypothèses suivantes: α) il existe un plus grand élément a dans X; β) l'ensemble des cardinaux strictement plus petits que Card(X) a un plus grand élément $\mathfrak{c}$; γ) pour tout x dans $I(a)$, on a $\mathrm{Card}(I(x)) \leqslant \mathfrak{c}$, et l'ensemble Y des $x \in X$ tels que $\mathrm{Card}(I(x)) = \mathfrak{c}$ est non vide; δ) toute jauge sur un ensemble de cardinal $\leqslant \mathfrak{c}$ est atomique. Montrer que toute jauge sur X est atomique. On pourra raisonner par l'absurde de la manière suivante: soit m une jauge diffuse non nulle sur X. Notons b le plus petit élément de Y, et pour tout $x \in I(a)$, soit f_x une injection de $I(x)$ dans $I(b)$. Pour tout couple $(x, y) \in I(a) \times I(b)$, on note $A_{x,y}$ l'ensemble des $z \in X$ tels que $x < z < a$ et $f_z(x) = y$; pour tout $x \in I(a)$, on note M_x l'ensemble des $y \in I(b)$ tels que $m(A_{x,y}) > 0$, et pour tout $y \in I(b)$, on note N_y l'ensemble des $x \in I(a)$ tels que $m(A_{x,y}) > 0$. En utilisant l'exerc. 9, *c*), montrer qu'on a $m(X) = \sum_{y\in I(b)} m(A_{x,y})$; en déduire que l'ensemble M_x est dénombrable et non vide pour tout $x \in I(a)$; montrer ensuite que chacun des ensembles N_y est dénombrable et en déduire la contradiction $\mathrm{Card}(X) = \mathfrak{c}$.

11) On dit qu'un cardinal $\mathfrak{c}$ est *ulamien* si toute jauge sur un ensemble de cardinal $\mathfrak{c}$ est atomique. Montrer que tout cardinal dénombrable est ulamien, que si $\mathfrak{c}$ est un cardinal ulamien, il en est de même de tout cardinal $\mathfrak{c}' \leqslant \mathfrak{c}$, et que si $(\mathfrak{c}_\iota)_{\iota\in I}$ est une famille de cardinaux ulamiens telle que Card(I) soit ulamien, alors le cardinal $\sum_{\iota\in I} \mathfrak{c}_\iota$ est ulamien. Enfin, le plus petit cardinal non dénombrable est ulamien (cf. exerc. 10).

12) Soient X un ensemble, $\mathfrak{U}$ une partie de $\mathfrak{P}(X)$ et m la fonction caractéristique de $\mathfrak{U}$. Pour que m soit une jauge, il faut et il suffit que $\mathfrak{U}$ soit un ultrafiltre et que l'intersection de toute partie dénombrable de $\mathfrak{U}$ appartienne à $\mathfrak{U}$. Dans ces conditions, on dit que $\mathfrak{U}$ est un *ultrafiltre d'Ulam* sur X. Supposons qu'il en soit ainsi, et que $(H_\iota)_{\iota\in I}$ soit une famille d'éléments de $\mathfrak{U}$ telle que Card(I) soit ulamien; montrer que $\bigcap_{\iota\in I} H_\iota$ appartient à $\mathfrak{U}$.

13) Dans cet exercice, on admet l'hypothèse du continu, c'est-à-dire qu'on adjoint aux

axiomes de la théorie des ensembles l'axiome: « Card(**R**) est le plus petit des cardinaux non dénombrables » [1].

a) Toute jauge sur **R** est atomique (cf. exerc. 11).

b) Soient X un ensemble et m une jauge sur X satisfaisant à la propriété suivante: pour toute partie A de X telle que $m(A) > 0$, il existe une partie B de A telle que $0 < m(B) < m(A)$; alors m est nulle (pour tout entier $n \geqslant 1$, il existe une partition finie $(X_{n,\iota})_{\iota \in I_n}$ de X telle que $m(X_{n,\iota}) \leqslant 1/n$ pour tout $\iota \in I_n$; poser $I = \prod_{n \geqslant 1} I_n$ et $X_\alpha = \bigcap_{n \geqslant 1} X_{n,\alpha_n}$ pour tout $\alpha = (\alpha_n)_{n \geqslant 1}$ dans I; la famille $(X_\iota)_{\iota \in I}$ est une partition de X, on a $m(X_\iota) = 0$ pour tout $\iota \in I$, et toute jauge sur I est atomique d'après *a*); conclure par l'exerc. 9, *c*)).

c) Soit X un ensemble sur lequel il n'existe aucun ultrafiltre d'Ulam non trivial; alors toute jauge sur X est atomique (sinon, d'après *b*), il existerait une jauge diffuse m sur X et une partie A de X telle que $m(A) > 0$ et que l'on ait $m(B) = 0$ ou $m(A - B) = 0$ pour toute partie B de A; l'ensemble $\mathfrak{U}$ des parties B de X telles que $m(A) = m(A \cap B)$ serait un ultrafiltre d'Ulam non trivial sur X).

d) Montrer que $2^{\mathfrak{c}}$ est ulamien pour tout cardinal ulamien $\mathfrak{c}$ (d'après *c*), il suffit de montrer que si C est un ensemble de cardinal $\mathfrak{c}$, tout ultrafiltre d'Ulam $\mathfrak{U}$ sur $X = \{0, 1\}^C$ est trivial; munir C d'une structure de bon ordre et définir par récurrence transfinie une famille $s = (s_\alpha)_{\alpha \in C}$ d'éléments de $\{0, 1\}$ telle que l'ensemble des $x = (x_\alpha)_{\alpha \in C}$ dans X tels que $x_\alpha = s_\alpha$ pour tout $\alpha \leqslant \beta$ appartienne à $\mathfrak{U}$ pour tout $\beta \in C$ (cf. exerc. 12); alors s appartient à tout élément de $\mathfrak{U}$) [2].

14) Soient $(T_\iota)_{\iota \in I}$ une famille d'espaces topologiques radoniens, et T l'espace somme de cette famille. Si Card(I) est ulamien, l'espace topologique T est radonien (montrer que pour toute fonction dénombrablement additive positive et bornée m sur la tribu borélienne de T, il existe une partie dénombrable J de I telle que $m(\bigcup_{\iota \in I - J} T_\iota) = 0$).

15) Soit T un espace discret dont le cardinal est le plus petit cardinal non dénombrable. Montrer que T est un espace localement compact radonien qui n'est pas de type dénombrable (cf. exerc. 11). En déduire qu'il existe des espaces compacts radoniens qui ne sont pas métrisables.

16) Soient I un ensemble dénombrable, et $(T_\iota)_{\iota \in I}$ une famille d'espaces radoniens. On suppose que toute partie compacte d'un des espaces T_ι est métrisable. Montrer que l'espace produit $T = \prod_{\iota \in I} T_\iota$ est radonien. Généraliser au cas des limites projectives.

17) Soit T un espace topologique.

a) Soit m une application dénombrablement additive de $\mathfrak{B}(T)$ dans $\mathbf{R}_+$. On suppose qu'il existe une suite $(T_n)_{n \in \mathbf{N}}$ de parties boréliennes de T, telle que $T = \bigcup_{n \in \mathbf{N}} T_n$, que $m(T_0) = 0$ et que le sous-espace T_n de T soit radonien pour tout $n \geqslant 1$. Montrer qu'il existe une mesure positive bornée μ sur T telle que $m(A) = \mu^\bullet(A)$ pour toute partie borélienne A de T (on pourra se ramener au cas où les T_n sont deux à deux disjoints en appliquant le cor. de la prop. 2 du n° 3).

b) Etendre le résultat précédent au cas où les ensembles T_n pour $n \geqslant 1$ ne sont plus supposés

[1] Il revient au même de dire que l'on peut munir **R** d'une structure de bon ordre $\prec$ pour laquelle l'ensemble des $x \in \mathbf{R}$ tels que $x \prec a$ soit dénombrable pour tout $a \in \mathbf{R}$. On a pu montrer (cf. P. Cohen, *Proc. Nat. Acad. Sci. U.S.A.*, vol. L (1963), 1143-1148 et vol. LI (1964), p. 105-110) que cet axiome n'apporte aucune contradiction nouvelle à la théorie des ensembles, et qu'il est par ailleurs indépendant des autres axiomes de la théorie des ensembles.

[2] On dit qu'un cardinal $\mathfrak{c}$ est *fortement inaccessible* s'il est non dénombrable, si l'on a $2^{\mathfrak{b}} < \mathfrak{c}$ pour tout cardinal $\mathfrak{b} < \mathfrak{c}$ et si l'on a $\sum_{\iota \in I} \mathfrak{c}_\iota < \mathfrak{c}$ pour toute famille de cardinaux $\mathfrak{c}_\iota < \mathfrak{c}$ telle que Card(I) $< \mathfrak{c}$. Les exercices 11 et 13 montrent que, moyennant l'hypothèse du continu, le plus petit cardinal non ulamien est fortement inaccessible. On ne sait pas si l'axiome d'existence de cardinaux fortement inaccessibles est contradictoire aux autres axiomes de la théorie des ensembles.

boréliens, mais seulement universellement mesurables dans T (raisonner comme dans la prop. 2 du n° 3).

c) Tout espace topologique qui est réunion d'une suite de sous-espaces compacts et métrisables est radonien.

18) Soient T_1 et T_2 deux espaces topologiques et f une application continue bijective de T_1 sur T_2. On suppose que, pour toute fonction dénombrablement additive et bornée m_1 sur la tribu borélienne $\mathfrak{B}(T_1)$, il existe une suite de parties compactes K_n de T_1 telles que $m_1(T_1 - \bigcup_n K_n) = 0$. Soit m_2 une fonction dénombrablement additive et bornée sur $\mathfrak{B}(T_2)$. Pour qu'il existe une fonction dénombrablement additive et bornée m_1 sur $\mathfrak{B}(T_1)$ telle que $m_2(A) = m_1(f^{-1}(A))$ pour tout $A \in \mathfrak{B}(T_2)$, il faut et il suffit que la condition suivante soit remplie: il existe une suite de parties compactes K_n de T_1 telle que $m_2(T_2 - \bigcup_n f(K_n)) = 0$.

§ 4

1) Soit $\mathscr{T} = (K_i, p_{ij})$ un système projectif d'espaces compacts indexé par l'ensemble I, K un espace compact et $(p_i)_{i \in I}$ une famille cohérente et séparante d'applications continues $p_i : K \to K_i$.

a) Soit A l'ensemble des fonctions continues dans K de la forme $f_i \circ p_i$ où i parcourt I et f_i l'ensemble des fonctions continues sur K_i. Montrer que A est un sous-espace vectoriel dense de $\mathscr{C}(K)$.

b) Soit $(\mu_i)_{i \in I}$ un système sous-projectif de mesures positives sur $\mathscr{T}$. On suppose les p_i surjectives. Pour tout $f \in A$, soit I_f l'ensemble des $i \in I$ tels que f soit de la forme $f_i \circ p_i$ avec $f_i \in \mathscr{C}(K_i)$ (nécessairement unique). Montrer qu'il existe une mesure π sur K, et une seule, telle que l'on ait $\pi(f) = \inf_{i \in I_f} \mu_i(f_i)$ pour tout $f \in A$. Montrer que π est la plus grande des mesures positives μ sur K telles que $p_i(\mu) \leqslant \mu_i$ pour tout $i \in I$.

¶2) Les hypothèses et notations sont celles du th. 1 du n° 2, dont on se propose d'indiquer une nouvelle démonstration.

a) Soit K une partie compacte de T; pour tout $i \in I$, on pose $K_i = p_i(T)$, et l'on note q_i l'application de K sur K_i qui coïncide dans K avec p_i; pour $i \leqslant j$ on note q_{ij} l'application de K_j dans K_i qui coïncide dans K_j avec p_{ij}. Déduire de l'exercice précédent l'existence d'une plus grande mesure positive π^K sur K telle que $q_i(\pi^K) \leqslant (\mu_i)_{K_i}$ pour tout $i \in I$.

b) Si K et L sont des parties compactes de T telles que $K \subset L$, montrer que l'on a $(\pi^L)_K \geqslant \pi^K$; en déduire que l'ensemble des mesures de la forme $i^K(\pi^K)$ (où K parcourt l'ensemble des parties compactes de T, et où i^K est l'injection canonique de K dans T) admet une borne supérieure μ dans $\mathscr{M}_+(T)$.

c) Montrer que l'on a $p_i(\mu) = \mu_i$ pour tout $i \in I$ (il suffit de remarquer que l'on a $p_i(\mu) \leqslant \mu_i$ et que les mesures $p_i(\mu)$ et μ_i ont même masse totale d'après l'hypothèse (P)).

§ 5

1) Soient T un espace topologique et μ une mesure positive sur T. On note $\mathfrak{S}_\mu$ l'ensemble des parties de T dont la frontière est μ-négligeable.

a) Montrer que $\mathfrak{S}_\mu$ est un clan.

b) Si T est complètement régulier, tout point de T a un système fondamental de voisinages contenu dans $\mathfrak{S}_\mu$ (remarquer que, si f est une fonction continue sur T, nulle en dehors d'un ensemble μ-intégrable, l'ensemble des nombres réels r tels que $f^{-1}(r)$ ne soit pas μ-négligeable est dénombrable).

¶2) Soient T un espace complètement régulier et $\mathfrak{F}$ un filtre sur $\mathscr{M}_+^b(T)$ qui converge étroitement vers une mesure bornée μ. On dit qu'une partie borélienne A de T est un ensemble de convergence (pour $\mathfrak{F}$) si l'on a $\lim_{\lambda, \mathfrak{F}} \lambda_A = \mu_A$.

a) Si les ensembles disjoints A_1 et A_2 sont des ensembles de convergence, il en est même de $A_1 \cup A_2$.

b) Soit A un ensemble ouvert ou fermé. Pour que A soit un ensemble de convergence, il faut et il suffit que l'on ait $\lim_{\lambda, \mathfrak{F}} \lambda^{\bullet}(A) = \mu^{\bullet}(A)$. Si A est un ensemble de convergence, il en est de même de T − A.

c) Soient A un ensemble de convergence ouvert ou fermé de T, et B un ensemble de convergence tel que T − B soit aussi un ensemble de convergence. Alors $A \cup B$ et $A \cap B$ sont des ensembles de convergence, ainsi que leurs complémentaires.

d) Le clan engendré par les ensembles ouverts de convergence est formé d'ensembles de convergence.

e) Soit A une partie de T, dont la frontière est μ-négligeable. Alors A est un ensemble de convergence.

f) Supposons que T soit localement compact ou polonais. Montrer que toute partie compacte K de T est contenue dans un ensemble compact de convergence (dans le cas où T est localement compact, utiliser l'exercice 1, *b*). Si T est polonais, utiliser le même exercice pour construire une suite de recouvrements finis $\mathfrak{U}_p$ de K par des ensembles ouverts de T, de frontière μ-négligeable et de diamètre $< 2^{-p}$; montrer que $L = \bigcap_p \bigcup_{U \in \mathfrak{U}_p} \overline{U}$ est compact et conclure que c'est un ensemble de convergence par *b*)).

g) Etendre le résultat de *f*) au cas d'une *suite* convergente de mesures sur un espace métrique complet.

3) Soient T un espace polonais et (μ_n) une suite de mesures positives bornées sur T convergeant étroitement vers une mesure μ. On note $\mathfrak{C}$ l'ensemble des parties A de T ayant la propriété suivante: pour tout $\varepsilon > 0$, il existe une partie compacte K de A telle que $\sup_n \mu_n(A - K) < \varepsilon$. On note $\mathfrak{D}$ l'ensemble des parties A de T appartenant à $\mathfrak{C}$ ainsi que leur complémentaire.

a) Si les ensembles A et A′ appartiennent à $\mathfrak{C}$, il en est de même de $A \cup A'$ et $A \cap A'$; en déduire que $\mathfrak{D}$ est un clan de parties de T.

b) Toute partie A de T dont la frontière est μ-négligeable appartient à $\mathfrak{D}$ (appliquer le théorème de Prokhorov à l'intérieur de A, et utiliser l'exercice 2, *e*)).

c) Tout $A \in \mathfrak{D}$ est un ensemble de convergence pour la suite (μ_n) (cf. exerc. 2); réciproquement, tout ensemble de convergence ouvert ou fermé appartient à $\mathfrak{D}$.

d) Soit $A \in \mathfrak{D}$. Montrer qu'il existe une suite d'ensembles compacts disjoints K_p et une partie N de T ayant les propriétés suivantes: α) chaque K_p est un ensemble de convergence pour la suite (μ_n); β) on a $A \subset N \cup \bigcup_p K_p$ et $\bigcup_p K_p \subset A \cup N$; γ) pour tout $\varepsilon > 0$, il existe un voisinage ouvert U de N tel que $\sup_n \mu_n(U) < \varepsilon$ (appliquer l'exerc. 2, *f*) et le théorème de Prokhorov à un sous-espace convenable de T qui est intersection d'une suite d'ouverts).

4) Soient T un espace complètement régulier, *t* un point de T, et $\mathfrak{U}$ un ensemble de parties boréliennes de T engendrant le filtre des voisinages de *t*. Soit I un ensemble muni d'un filtre $\mathfrak{F}$, et soit $(\mu_\iota)_{\iota \in I}$ une famille de mesures positives bornées de masse totale 1 sur T. Pour qu'on ait $\lim_{\iota, \mathfrak{F}} \mu_\iota = \varepsilon_t$, il faut et il suffit que l'on ait $\lim_{\iota, \mathfrak{F}} \mu_\iota(U) = 1$ pour tout $U \in \mathfrak{U}$.

5) Soit E un espace hilbertien réel, admettant une base orthonormale $(x_n)_{n \in \mathbf{N}}$. Soit T l'espace E muni de la topologie affaiblie, et soit $(a_n)_{n \in \mathbf{N}}$ une suite de nombres réels telle que $0 < a_n < 1$ pour tout *n* et $\lim_{n \to \infty} n^2 \log a_n = 0$. Pour tout $n \in \mathbf{N}$, on pose $\mu_n = \sum_{p \in \mathbf{N}} a_n^p(1 - a_n) . \varepsilon_{n . x_p}$. Montrer que μ_n est une mesure positive bornée de masse totale 1 sur T pour tout $n \in \mathbf{N}$, que l'on a $\lim_{n \to \infty} \mu_n = \varepsilon_0$ (convergence étroite) et que $\lim_{n \to \infty} \mu_n(K) = 0$ pour toute partie compacte K de T (appliquer le critère de l'exercice précédent à l'ensemble $\mathfrak{U}$ des voisinages de 0 de la forme $\{x \mid (a|x) \leqslant 1\}$ où *a* parcourt E). En particulier, l'ensemble des éléments de la suite $(\mu_n)_{n \in \mathbf{N}}$ est une partie relativement compacte de $\mathscr{M}_+^b(T)$ qui ne satisfait pas à la condition de Prokhorov.

6) Soient T un espace topologique et H un ensemble de mesures positives sur T; on suppose remplie la condition suivante:

(V) Tout point de T admet un voisinage ouvert W tel que $\sup_{\mu \in H} \mu^{\bullet}(W)$ soit fini.

Enfin, soit $\mathfrak{U}$ un ultrafiltre sur H.

a) Soit K une partie compacte de T. Montrer que les mesures induites μ_K ($\mu \in H$) convergent vaguement selon $\mathfrak{U}$ vers une mesure π^K sur K.

b) Soient K et L deux parties compactes de T telles que $K \subset L$; montrer que l'on a $(\pi^L)_K \geqslant \pi^K$.

c) Pour toute partie compacte K de T, soit i^K l'injection canonique de K dans T. Montrer que la famille de mesures $i^K(\pi^K)$ admet une borne supérieure π dans $\mathscr{M}_+(T)$.

d) Soient f une fonction positive semi-continue inférieurement dans T, et g une fonction positive semi-continue supérieurement à support compact dans T. Montrer que l'on a $\pi^\bullet(f) \leqslant \lim_{\mu, \mathfrak{U}} \mu^\bullet(f)$ et $\pi^\bullet(g) \geqslant \lim_{\mu, \mathfrak{U}} \mu^\bullet(g)$.

¶7) Soit H un ensemble de mesures positives et bornées sur un espace topologique T. On suppose que $\sup_{\mu \in H} \mu^\bullet(T)$ est fini, et que pour tout $\varepsilon > 0$, il existe une partie compacte K de T telle que $\sup_{\mu \in H} \mu^\bullet(T - K) < \varepsilon$. Montrer que la condition (V) de l'exercice précédent est vérifiée. Soit $\mathfrak{U}$ un ultrafiltre sur H. La mesure π est définie comme dans l'exercice précédent.

a) Montrer que l'on a $\pi^\bullet(g) \geqslant \lim_{\mu, \mathfrak{U}} \mu^\bullet(g)$ pour toute fonction semi-continue supérieurement positive et bornée dans T. En déduire qu'on a $\pi^\bullet(f) = \lim_{\mu, \mathfrak{U}} \mu^\bullet(f)$ pour toute fonction f bornée dans T, dont l'ensemble des points de discontinuité est π-négligeable.

b) Lorsque T est complètement régulier, déduire de *a*) que H est relativement compact pour la topologie étroite (ce qui fournit une nouvelle démonstration du th. 1 du n° 5 dans le cas des mesures positives).

¶8) Soient T un espace métrique complet et de type dénombrable, et d sa distance. Pour toute partie fermée F de T et tout nombre réel $a > 0$, on note F^a l'ensemble des $x \in T$ tels que $d(x, F) < a$. Etant données deux mesures positives bornées λ et μ sur T, on note $D(\lambda, \mu)$ la borne inférieure de l'ensemble des nombres réels $a > 0$ satisfaisant aux inégalités $\lambda^\bullet(F) \leqslant \mu^\bullet(F^a) + a$, $\mu^\bullet(F) \leqslant \lambda^\bullet(F^a) + a$ pour toute partie fermée F de T.

a) Montrer que D est une distance sur $\mathscr{M}_+^b$ et que l'on a $D(\varepsilon_x, \varepsilon_y) = d(x, y)$ pour deux points x et y de T tels que $d(x, y) < 1$.

b) Soient f une application borélienne de T dans T (cf. *Top. gén.*, chap. IX, § 6, n° 3) et λ une mesure positive bornée sur T. Montrer qu'il existe une mesure positive bornée μ sur T telle que l'on ait $\mu^\bullet(A) = \lambda^\bullet(f^{-1}(A))$ pour toute partie borélienne A de T. Soit $a > 0$, et soit H l'ensemble des $x \in T$ tels que $d(x, f(x)) \geqslant a$; montrer que H est borélien dans T et que l'on a $D(\lambda, \mu) \leqslant \sup(a, \lambda(H))$ (pour toute partie fermée F de T, on a $F \cap (T - H) \subset f^{-1}(F^a)$ et $\lambda^\bullet(F) \leqslant \lambda^\bullet(F \cap (T - H)) + \lambda^\bullet(H)$).

c) Soient μ et μ_n (pour $n \geqslant 1$) des mesures positives bornées sur T telles que $\lim_{n \to \infty} D(\mu_n, \mu) = 0$. Montrer que la suite (μ_n) converge étroitement vers μ (montrer qu'on a $\lim_{n \to \infty} \mu_n^\bullet(T) = \mu^\bullet(T)$ et $\mu^\bullet(F) \geqslant \limsup_{n \to \infty} \mu_n^\bullet(F)$ pour toute partie fermée F de T; en déduire $\mu^\bullet(f) \leqslant \lim.\inf_{n \to \infty} \mu_n^\bullet(f)$ pour toute fonction semi-continue inférieurement $f \geqslant 0$ par la méthode du lemme 3 du § 2, n° 6).

d) Réciproquement, montrer que, pour toute suite de mesures positives bornées μ_n tendant étroitement vers μ dans $\mathscr{M}_+^b$, on a $\lim D(\mu_n, \mu) = 0$. On pourra procéder comme suit: soit $\varepsilon > 0$, soit K une partie compacte de T telle que $\mu^\bullet(T - K) < \varepsilon$ et $\sup_n \mu_n^\bullet(T - K) < \varepsilon$; construire une famille finie $(B_i)_{1 \leqslant i \leqslant p}$ d'ensembles de frontière μ-négligeable, de diamètre $\leqslant \varepsilon/2$, deux à deux disjoints, dont la réunion contient K (cf. exerc. 1). Soit f une application de T dans T, constante dans chacun des ensembles $B_1, \ldots, B_p$ et $\complement(B_1 \cup \ldots \cup B_p)$ et telle que $f(B_i) \subset B_i$ pour $1 \leqslant i \leqslant p$. Définir les mesures π_n et π par $\pi_n^\bullet(A) = \mu_n^\bullet(f^{-1}(A))$ et $\pi^\bullet(A) = \mu^\bullet(f^{-1}(A))$ pour toute partie borélienne A de T; déduire de *b*) les relations $D(\pi_n, \mu_n) \leqslant \varepsilon$, $D(\pi, \mu) \leqslant \varepsilon$ et montrer que l'on a $\lim_{n \to \infty} D(\pi_n, \pi) = 0$.

e) La distance D sur $\mathscr{M}^b_+$ est compatible avec la topologie étroite (remarquer que $\mathscr{M}^b_+$ est métrisable pour la topologie étroite).

¶9) Les notations et hypothèses sont celles de l'exercice précédent. Soit (μ_n) une suite de Cauchy pour la distance D dans $\mathscr{M}^b_+$; montrer que la suite (μ_n) est convergente (ce qui donne une nouvelle démonstration du fait que l'espace $\mathscr{M}^b_+$ est polonais pour la topologie étroite). On pourra procéder ainsi :

a) Soient $\varepsilon > 0$ et $a > 0$ deux nombres réels; il existe une partie finie F de T telle que $\sup_n \mu_n^\bullet(T - F^a) \leqslant \varepsilon$ (choisir un entier $N \geqslant 1$ et une partie compacte K de T tels que $\sup_{n \geqslant N} D(\mu_n, \mu_N) \leqslant \varepsilon/2$ et $\mu_N^\bullet(T - K) \leqslant \varepsilon/2$; en déduire $\sup_{n \geqslant N} |\mu_n^\bullet(T) - \mu^\bullet(T)| \leqslant \varepsilon$ et $\sup_{n \geqslant N} \mu_n^\bullet(T - K^{a/2}) \leqslant \varepsilon$; choisir enfin une partie finie F de T telle que $K^{a/2} \subset F^a$ et $\sup_{n < N} \mu_n^\bullet(T - F^a) \leqslant \varepsilon$).

b) Soit $\varepsilon > 0$; il existe une partie compacte K de T telle que $\sup \mu_n^\bullet(T - K) \leqslant \varepsilon$ (choisir pour tout entier $p \geqslant 1$ une partie finie F_p de T telle que $\sup \mu_n^\bullet(T - (F_p)^{2^{-p}}) \leqslant \varepsilon/2^p$ et poser $K = \bigcap_{p \geqslant 1} \overline{(F_p)^{2^{-p}}}$).

c) Déduire de *b*) que l'on peut extraire de la suite de Cauchy (μ_n) une suite convergente (pour la distance D).

¶10) Soit T un espace complètement régulier; on note $\mathscr{S}$ l'ensemble des fonctions réelles $f \geqslant 1$ dans T, telles que l'ensemble des points *t* de T pour lesquels $f(t) \leqslant c$ soit compact pour tout nombre réel *c*. Pour tout $f \in \mathscr{S}$, on note $\mathscr{M}_f$ l'ensemble des mesures bornées μ sur T telles que $|\mu|^\bullet(f) \leqslant 1$.

a) Pour qu'une partie H de $\mathscr{M}^b(T)$ satisfasse à la condition de Prokhorov, il faut et il suffit qu'il existe $f \in \mathscr{S}$ tel que $H \subset \mathscr{M}_f$ (pour la nécessité, prendre f de la forme $c(1 + \sum_{n \geqslant 1} n.f_n)$ où f_n est la fonction caractéristique d'un ensemble U_n tel que $T - U_n$ soit compact et $\sup_{\mu \in H} |\mu|^\bullet(U_n) \leqslant 2^{-n}$).

b) Supposons T localement compact. Pour qu'une partie H de $\mathscr{M}^b(T)$ soit relativement compacte (pour la topologie étroite), il faut et il suffit qu'il existe une fonction continue $f \in \mathscr{S}$ telle que $H \subset \mathscr{M}_f$.

c) Soit C un cône convexe fermé dans $\mathscr{M}^b_+(T)$. Montrer que $C \cap \mathscr{M}_f$ est un chapeau (*Esp. vect. top.* chap. II, 2ᵉ éd., § 7, nᵒ 2, déf. 3) de C pour tout $f \in \mathscr{S}$, et en déduire que C est réunion de ses chapeaux. On note E la réunion des génératrices extrémales de C. Supposons T sous-linien. Montrer que, pour tout $\pi \in C$, il existe une partie borélienne B de $\mathscr{M}^b_+(T)$ contenue dans E, et une mesure positive P de masse totale 1 sur B telle que $\pi = \int_B \mu \, dP(\mu)$ (appliquer le théorème de représentation intégrale de Choquet).

11) Soit T un espace complètement régulier. On suppose donnée, pour tout espace compact K et toute application continue f de T dans K, une mesure positive $\mu_{f,K}$ sur K; on suppose que l'on a $g(\mu_{f,K}) = \mu_{g \circ f, L}$ quels que soient les espaces compacts K et L et les applications continues $f : T \to K$ et $g : K \to L$; on suppose de plus que la mesure $\mu_{f,K}$ est concentrée sur $f(T)$ quels que soient f et K. Montrer qu'il existe une mesure bornée positive π sur T, et une seule, telle que l'on ait $\mu_{f,K} = f(\pi)$ quels que soient f et K (utiliser la propriété universelle du compactifié de Stone-Čech de T).

12) Soient T un espace complètement régulier, sous-espace d'un espace localement compact L. Pour toute mesure μ (positive ou non) sur T, il existe un sous-espace localement compact T′ de L contenant T, et une mesure μ' sur T′ concentrée sur T qui induise μ sur T.

¶13) *Soit G un groupe localement compact commutatif. On note $\hat{G}$ le groupe dual de G et α une mesure de Haar sur $\hat{G}$. Pour toute mesure bornée μ sur G, on note $\mathscr{F}\mu$ la transformée de Fourier de μ, qui est une fonction sur le groupe $\hat{G}$ (cf. *Théor. Spec.*, chap. II, § 1, nᵒ 3).

a) La transformation de Fourier $\mathscr{F}$ est une application continue de $\mathscr{M}^b_+(G)$ muni de la topologie étroite dans $\mathscr{C}^b(\hat{G})$ muni de la topologie de la convergence compacte. (Utiliser le cor. de la prop. 13 du n° 6).

b) Soient $\mathfrak{F}$ un filtre sur $\mathscr{M}_+^b(G)$ et Φ une fonction continue bornée sur $\hat{G}$; on suppose que l'on a $\lim_{\lambda, \mathfrak{F}} (\mathscr{F}\lambda).\alpha = \Phi.\alpha$ (convergence vague) et $\lim_{\lambda, \mathfrak{F}} (\mathscr{F}\lambda)(0) = \Phi(0)$. Montrer que le filtre $\mathfrak{F}$ converge étroitement vers une mesure μ telle que $\mathscr{F}\mu = \Phi$ (montrer par application du théorème de Weierstrass-Stone que l'ensemble des transformées de Fourier des fonctions continues à support compact sur G est un sous-espace vectoriel dense de $\mathscr{C}^0(\hat{G})$ pour la convergence uniforme; remarquer ensuite que l'on a $\lim_{\lambda, \mathfrak{F}} \int (\mathscr{F}\lambda).u\,d\alpha = \int \Phi u\,d\alpha$ pour tout $u \in E$ et que le filtre $\mathfrak{F}$ contient un ensemble vaguement compact de mesures bornées; en déduire que le filtre $\mathfrak{F}$ a au plus une valeur d'adhérence, puis qu'il converge étroitement).

c) Soit $\mathfrak{F}$ un filtre *à base dénombrable* sur $\mathscr{M}_+^b(G)$. Pour que $\mathfrak{F}$ converge étroitement vers une mesure positive bornée μ, il faut et il suffit qu'il existe une fonction Φ continue dans $\hat{G}$ telle que $\mathscr{F}\lambda$ converge simplement vers Φ selon $\mathfrak{F}$, et l'on a alors $\mathscr{F}\mu = \Phi$ (« théorème de P. Lévy »).$_*$

§ 6

¶1) Pour tout intervalle compact K de **R**, on note $\mathscr{C}(K)$ l'espace vectoriel réel des fonctions continues dans K, muni de la topologie de la convergence uniforme; on note $\mathscr{D}(K)$ l'espace vectoriel des fonctions réelles indéfiniment différentiables dans **R**, nulles en dehors de K. On munit $\mathscr{D}(K)$ de la topologie la moins fine rendant continues les applications $f \mapsto D^p f \,|\, K$ pour tout entier positif p (D est l'opérateur de dérivation). On pose $\mathscr{D} = \bigcup_K \mathscr{D}(K)$, espace que l'on munit de la topologie localement convexe limite inductive des topologies des sous-espaces $\mathscr{D}(K)$.

a) Pour tout entier $p \geqslant 0$, et toute fonction $f \in \mathscr{D}(K)$, on pose $Q_p(f) = \int_K (D^p f(x))^2\,dx$. Montrer que Q_p est une forme quadratique positive sur $\mathscr{D}(K)$, que la suite des normes $Q_p^{1/2}$ définit la topologie de $\mathscr{D}(K)$ et que $\mathrm{Tr}\,(Q_{p+1}/Q_p)$ est fini pour tout $p \geqslant 0$. (Pour tout t réel, soit I_t la fonction caractéristique de l'intervalle $[t, +\infty[$; en utilisant la formule $D^p f(t) = \int_K D^{p+1}f.I_t\,dx$ et l'inégalité de Bessel, prouver que l'on a $\sum_{i=1}^{n} Q_p(f_i) \leqslant l^2$ pour toute suite finie $f_1, \ldots, f_n$ de fonctions appartenant à $\mathscr{D}(K)$, orthonormales pour Q_{p+1}; le nombre l est la longueur de l'intervalle K.) En déduire que $\mathscr{D}(K)$ est un espace nucléaire.

b) Prouver que l'espace $\mathscr{D}$ est nucléaire. (Etablir d'abord l'existence d'une fonction non nulle dans $\mathscr{D}$, et en déduire l'existence d'une fonction $h \geqslant 0$ dans $\mathscr{D}$ telle que $\sum_{n \in \mathbf{Z}} h(x - n) = 1$ pour tout $x \in \mathbf{R}$. Soit K un intervalle compact de **R** telle que h soit nulle en dehors de K; pour tout entier n, poser $h_n(x) = h(x - n)$ et $K_n = K + n$. Soit V un voisinage convexe de 0 dans $\mathscr{D}$; il existe des entiers positifs p_n tels que toute fonction $f \in \mathscr{D}(K_n)$ telle que $Q_{p_n}(f) \leqslant 1$ appartienne à V. Définir les formes quadratiques continues Q et R sur $\mathscr{D}$ par $Q(f) = \sum_{n \in \mathbf{Z}} 2^{2n} Q_{p_n}(f.h_n)$ et $R(f) = \sum_{n \in \mathbf{Z}} 2^{3n} Q_{p_n+1}(f.h_n)$; montrer que V contient l'ensemble des $f \in \mathscr{D}$ telles que $Q(f) \leqslant 1$ et que $\mathrm{Tr}(R/Q)$ est fini.)

$_*$*c*) Généraliser ce qui précède aux fonctions indéfiniment différentiables à support compact sur $\mathbf{R}^n$.$_*$

ANNEXE

1) Soit E un espace vectoriel de dimension finie sur un corps commutatif de caractéristique $\neq 2$. On note H une forme quadratique non dégénérée sur E, et S la forme bilinéaire symétrique sur $E \times E$ telle que $H(x) = S(x, x)$ pour tout x dans E. Soit Q une forme quadratique sur E.

a) Il existe un endomorphisme u de E caractérisé par les relations $Q(x) = S(u(x), x)$ et $S(u(x), y) = S(x, u(y))$ quels que soient x et y dans E. On pose $\mathrm{Tr}(Q/H) = \mathrm{Tr}(u)$.
b) Généraliser la remarque 3 du n° 1.
c) Si $(e_i)_{1 \leqslant i \leqslant m}$ est une base de E orthonormale pour H, on a $\mathrm{Tr}(Q/H) = \sum_{i=1}^{m} Q(e_i)$.

2) Soient E un espace hilbertien réel, Q une forme quadratique positive continue sur E, et H la forme quadratique $x \mapsto \|x\|^2$ sur E.
a) Montrer que l'on a $\mathrm{Tr}\,(Q/H) = \sum_{i \in I} Q(e_i)$ pour toute base orthonormale $(e_i)_{i \in I}$ de E. (Soit $(a_1, \ldots, a_p)$ une famille orthonormale finie dans E; pour tout $\varepsilon > 0$, il existe une partie finie J de I et des éléments $a'_1, \ldots, a'_p$ combinaisons linéaires des e_i pour $i \in J$, et tels que $\|a_j - a'_j\| < \varepsilon$ pour $1 \leqslant j \leqslant p$; on a $\sum_{j=1}^{p} Q(a'_j) \leqslant \sum_{i \in J} Q(e_i) \leqslant \sum_{i \in I} Q(e_i)$. En déduire $\sum_{j=1}^{p} Q(a_j) \leqslant \sum_{i \in I} Q(e_i)$).
b) Déduire de *a*) une nouvelle démonstration de la prop. 3.
c) Soient E_0 un sous-espace vectoriel dense de E, Q_0 (resp. H_0) la restriction de Q (resp. H) à E_0. Montrer que l'on a $\mathrm{Tr}(Q/H) = \mathrm{Tr}(Q_0/H_0)$. (Soit $(e_1, \ldots e_n)$ une suite linéairement indépendante dans E, engendrant un sous-espace F. On note Q_F (resp. H_F) la restriction de Q (resp. H) à F. En utilisant la *Remarque* 3 du n° 1, montrer que $\mathrm{Tr}(Q_F/H_F)$ est fonction continue de $(e_1, \ldots, e_n)$.)

3) Soient E et F deux espaces vectoriels réels et u une application linéaire de E dans F; si Q et H sont des formes quadratiques positives sur F telles que $H(x) = 0$ entraîne $Q(x) = 0$ pour tout $x \in F$, on a $\mathrm{Tr}(Q \circ u/H \circ u) \leqslant \mathrm{Tr}(Q/H)$.

4) Soient I un ensemble et $l^2(I)$ l'espace vectoriel des familles $\mathbf{x} = (x_i)_{i \in I}$ de nombres réels telles que $\sum_{i \in I} x_i^2$ soit fini. Soit $(\lambda_i)_{i \in I}$ une famille sommable de nombres positifs. Pour tout $\mathbf{x}$ dans $l^2(I)$, on pose $Q(\mathbf{x}) = \sum_{i \in I} \lambda_i x_i^2$ et $H(\mathbf{x}) = \sum_{i \in I} x_i^2$. Montrer que l'on a $\mathrm{Tr}(Q/H) = \sum_{i \in I} \lambda_i$. (Utiliser l'exercice 2, *a*).)

5) Soient E un espace vectoriel réel, $(\lambda_i)_{i \in I}$ une famille sommable de nombres positifs et $(y_i)_{i \in I}$ une famille de formes linéaires sur E. Pour tout $x \in E$, on pose $H(x) = \sum_{i \in I} \langle x, y_i \rangle^2$ et $Q(x) = \sum_{i \in I} \lambda_i \langle x, y_i \rangle^2$; on suppose que $H(x)$ est fini pour tout $x \in E$. Montrer que $Q(x)$ est fini pour tout $x \in E$, que Q et H sont des formes quadratiques positives sur E, et que l'on a $\mathrm{Tr}(Q/H) \leqslant \sum_{i \in I} \lambda_i$. (Poser $u(x) = (\langle x, y_i \rangle)_{i \in I}$ et appliquer l'exerc. 3 à l'application linéaire u de E dans $l^2(I)$.)

6) Soient E un espace vectoriel réel, Q, H et H_0 des formes quadratiques positives sur E. On suppose que l'on a $H \leqslant a.H_0$ où a est un nombre réel positif. Prouver que l'on a $\mathrm{Tr}(Q/H_0) \leqslant a.\mathrm{Tr}(Q/H)$. (Se ramener au cas où E est de dimension finie par la *Remarque* 1 du n° 1, puis conclure par la prop. 1 en utilisant l'existence d'une base de E orthogonale à la fois pour H et H_0.)

7) Soit E un espace hilbertien réel. Montrer que la topologie de Sazonov sur E est définie par l'ensemble des semi-normes $Q^{1/2}$ où Q parcourt l'ensemble des formes quadratiques positives nucléaires sur E. (Utiliser l'exerc. 6.)

8) Soient E et F deux espaces hilbertiens réels. Sur $E \otimes F$, il existe une structure d'espace préhilbertien séparé tel que $(x_1 \otimes y_1 | x_2 \otimes y_2) = (x_1|x_2).(y_1|y_2)$ pour x_1, x_2 dans E et y_1, y_2 dans F. On note $E \otimes_2 F$ l'espace hilbertien complété de $E \otimes F$.
a) Si E′ (resp. F′) est un sous-espace vectoriel fermé de E (resp. F), montrer que $E' \otimes_2 F'$

s'identifie au sous-espace vectoriel fermé de $E \otimes_2 F$ engendré par les éléments $x \otimes y$ tels que $x \in E'$ et $y \in F'$.

b) On suppose que E (resp. F) est somme hilbertienne d'une famille $(E_\alpha)_{\alpha \in A}$ (resp. $(F_\beta)_{\beta \in B}$) de sous-espaces vectoriels fermés. Montrer que $E \otimes_2 F$ est somme hilbertienne de la famille $(E_\alpha \otimes_2 F_\beta)_{(\alpha, \beta) \in A \times B}$ de sous-espaces vectoriels fermés.

c) Si $(e_i)_{i \in I}$ (resp. $(f_j)_{j \in J}$) est une base orthonormale de E (resp. F), alors la famille $(e_i \otimes f_j)_{(i,j) \in I \times J}$ est une base orthonormale de $E \otimes_2 F$.

d) Soit G un espace hilbertien réel. Définir des isomorphismes canoniques de $E \otimes_2 F$ sur $F \otimes_2 E$ et de $(E \otimes_2 F) \otimes_2 G$ sur $E \otimes_2 (F \otimes_2 G)$.

e) Soient E_1 et F_1 deux espaces hilbertiens réels, et $u: E \to E_1$, $v: F \to F_1$ des applications linéaires continues. Montrer que $u \otimes v$ se prolonge par continuité en une application linéaire continue $u \otimes_2 v$ de $E \otimes_2 F$ dans $E_1 \otimes_2 F_1$ et que l'on a $\|u \otimes_2 v\| = \|u\| . \|v\|$.

9) Soient E et F deux espaces hilbertiens réels.

a) Montrer qu'il existe une application linéaire continue φ de $E \otimes_2 F$ dans $\mathscr{L}(E; F)$ caractérisée par $\varphi(x \otimes y)(x') = (x|x').y$ pour x, x' dans E et y dans F. Montrer que φ est de norme 1, et que $\varphi(E \otimes F)$ est l'ensemble des applications linéaires continues de rang fini de E dans F.

b) Montrer que φ est une bijection de $E \otimes_2 F$ sur l'ensemble HS(E, F) des applications linéaires de Hilbert–Schmidt de E dans F (utiliser l'exerc. 8, *c*) et la prop. 3). On munit HS(E, F) de la structure d'espace hilbertien déduite de celle de $E \otimes_2 F$ par la bijection φ; la norme correspondante est notée $\|u\|_2$. Soit $u \in HS(E, F)$; on définit les formes quadratiques positives Q_u et H sur E par $Q_u(x) = \|u(x)\|^2$ et $H(x) = \|x\|^2$. Montrer que l'on a $\|u\|_2^2 = Tr(Q_u/H)$.

c) Soient E_1 et F_1 deux espaces hilbertiens réels, et $u: E_1 \to E$, $v: F \to F_1$ des applications linéaires continues. Soit φ_1 l'isomorphisme de $E_1 \otimes_2 F_1$ sur $HS(E_1, F_1)$ défini de manière analogue à φ. Montrer que l'on a $v \circ \varphi(t) \circ u = \varphi_1((u^* \otimes v)(t))$ pour tout $t \in E \otimes_2 F$. En déduire que, pour toute application de Hilbert–Schmidt w de E dans F, l'application linéaire $v \circ w \circ u$ de E_1 dans F_1 est de Hilbert–Schmidt et que l'on a $\|v \circ w \circ u\|_2 \leqslant \|v\| . \|w\|_2 . \|u\|$.

NOTE HISTORIQUE

(N.B. Les chiffres romains renvoient à la bibliographie située à la fin de cette note.)

Si l'étude des liens entre la topologie et la théorie de la mesure remonte aux débuts de la théorie moderne des fonctions de variables réelles, ce n'est que fort récemment que l'intégration dans les espaces topologiques séparés a été mise au point de manière générale. Avant de faire l'historique des travaux qui ont précédé la synthèse actuelle, nous rappellerons quelques étapes de l'évolution des idées concernant les relations entre topologie et mesure.

Pour Lebesgue, il n'est question que d'intégrer des fonctions d'une ou plusieurs variables réelles. En 1913, Radon définit les mesures générales sur $\mathbf{R}^n$ et les intégrales correspondantes; cette théorie est exposée en détail dans l'ouvrage (I) de Ch. de la Vallée Poussin et s'appuie de manière constante sur les propriétés topologiques des espaces euclidiens. Un peu plus tard, en 1915, Fréchet définit dans (II, *a*)) les mesures « abstraites » sur un ensemble muni d'une tribu et les intégrales par rapport à ces mesures; il note qu'on peut établir ainsi les principaux résultats de la théorie de Lebesgue sans utiliser de moyens topologiques. Il justifie son entreprise par les mots suivants, tirés de l'introduction de (II, *b*), première partie) : « *Que par exemple dans l'espace à une infinité de coordonnées où diverses applications de l'Analyse avaient conduit à diverses définitions non équivalentes d'une suite convergente, on remplace une de ces définitions par une autre, rien ne sera changé dans les propriétés des familles et fonctions additives d'ensembles dans ces espaces* ». Les recherches de Fréchet sont complétées par Carathéodory, à qui l'on doit un important théorème de prolongement d'une fonction d'ensemble en une mesure. Le début du livre de Saks (III) offre un exposé condensé de ce point de vue.

La découverte de la mesure de Haar sur les groupes localement compacts (cf. Note historique des chap. VII et VIII) et les nombreuses applications qu'elle reçoit aussitôt, puis les travaux de Weil et Gelfand en Analyse Harmonique, amènent vers 1940 à une modification profonde de ce point de vue: dans ce genre de questions, le plus commode est de considérer une mesure comme une forme linéaire sur un espace de fonctions continues. Cette méthode oblige à se restreindre aux espaces compacts ou localement compacts, mais ce n'est pas une gêne pour la presque totalité des applications; bien mieux, l'introduction de l'Analyse Harmonique sur les groupes p-adiques et les groupes d'adèles par J. Tate et A. Weil a permis un renouvellement spectaculaire de la Théorie analytique des Nombres.

C'est d'une tout autre direction que provient la nécessité d'élargir ce point de vue par la considération de mesures sur des espaces topologiques non localement compacts: peu à peu, le Calcul des Probabilités amène à l'étude de tels espaces et fournit de nombreux exemples non triviaux. Peut-être faut-il rechercher la raison de l'influence tardive de ces développements sur la théorie de la mesure dans l'isolement relatif du Calcul des Probabilités, resté en marge des disciplines mathématiques traditionnelles jusqu'à une époque récente.

Mesures sur les espaces de suites

Une des branches les plus développées du Calcul des Probabilités classique est celle des théorèmes limites (loi des grands nombres, tendance vers la loi de Gauss-Laplace, ...); il s'agit d'un approfondissement de la notion de régularité statistique manifestée par les phénomènes mettant en jeu des populations très nombreuses. La formulation mathématique correcte de ces problèmes nécessite l'introduction de mesures sur des espaces de suites; ces espaces, qui constituent la généralisation la plus évidente des espaces de dimension finie, sont le sujet de prédilection des recherches d'« Analyse Générale » entreprises vers 1920 par Fréchet, Lévy, Lusin, ... Il n'est d'ailleurs pas fortuit que Khintchine et Kolmogoroff, les créateurs des méthodes nouvelles du Calcul des Probabilités, soient tous deux disciples de Lusin, et que Lévy se soit très vite tourné vers les problèmes probabilistes: ceux-ci constituaient la pierre de touche des nouvelles méthodes.

La première intervention implicite d'une mesure sur un espace de suites apparaît dans le travail consacré par E. Borel en 1909 aux probabilités dénombrables (IV). Une idée très originale de Borel consiste en l'application des résultats probabilistes qu'il vient d'obtenir à la démonstration de propriétés possédées par le développement décimal de presque tout nombre réel compris entre 0 et 1. Cette application repose sur la remarque fondamentale suivante: définissons tout nombre réel compris entre 0 et 1 par la suite des chiffres de son développement dans une base q donnée ($q \geqslant 2$); si l'on tire au sort successivement les divers chiffres d'un nombre x, indépendamment les uns des autres et avec une égale probabilité $1/q$ pour $0, 1, \ldots, q - 1$, la probabilité que x se trouve dans un intervalle de $[0, 1[$ est égale à la longueur de cet intervalle.

En 1923, Steinhaus (V) établit rigoureusement ces résultats et décrit le modèle mathématique précis de la suite illimitée de tirages au sort considérée par Borel: prenons $q = 2$ pour simplifier et notons I l'ensemble à deux éléments $\{0, 1\}$; on munit I de la mesure μ définie par $\mu(0) = \mu(1) = \frac{1}{2}$; les éléments de l'espace produit $I^{\mathbf{N}}$ sont les suites $\varepsilon = (\varepsilon(n))_{n\in\mathbf{N}}$ de nombres égaux à 0 ou 1 et l'application $\varphi: \varepsilon \mapsto \sum_{n\geq 0} \varepsilon(n).2^{-n-1}$ est, à un ensemble dénombrable près, une bijection de $I^{\mathbf{N}}$ sur l'intervalle $[0, 1]$; de plus, φ^{-1} transforme la mesure de Lebesgue sur $[0, 1]$ en la mesure P sur $I^{\mathbf{N}}$ produit des mesures μ sur chacun des facteurs. En fait, Steinhaus ne dispose pas d'une construction des mesures produits; il utilise l'existence de la quasi-bijection φ pour *construire* la mesure P sur $I^{\mathbf{N}}$ à partir de la mesure de Lebesgue sur $[0, 1]$, puis il donne une caractérisation axiomatique de P. L'isomorphisme ainsi obtenu permet de traduire le langage des probabilités en celui de la mesure et d'appliquer les théorèmes connus sur l'intégrale de Lebesgue.

Dans le même travail, Steinhaus considère la série aléatoire $\sum_{n\geq 0} \sigma_n . a_n$, où les signes $\sigma_n = \pm 1$ sont choisis au hasard indépendamment les uns des autres et avec même probabilité $\frac{1}{2}$; entre 1928 et 1935, il étudie de nombreuses autres séries aléatoires. De leur côté, Paley, Wiener et Zygmund considèrent les séries de Fourier aléatoires [1] de la forme $\sum_{n=-\infty}^{\infty} a_n \exp(2\pi i(nt + \Phi_n))$; les « amplitudes » a_n sont fixes, et les « phases » Φ_n sont des variables aléatoires indépendantes uniformément réparties sur $[0, 1]$. Si les difficultés analytiques varient énormément de l'un à l'autre de ces problèmes, la traduction en termes de théorie de la mesure est la même dans tous les cas et représente une extension du cas traité par Borel et Steinhaus; il s'agit de construire une mesure sur $\mathbf{R}^{\mathbf{N}}$, produit d'une famille de mesures toutes identiques à une même mesure positive μ de masse 1 sur $\mathbf{R}$; par exemple, les séries de Fourier aléatoires précédentes correspondent au cas où μ est la mesure de Lebesgue sur $[0, 1]$.

Pour construire de telles mesures produits, on peut utiliser deux méthodes. La première est une méthode directe, mise au point pour la première fois par Daniell (VI, *a*)) en 1918; elle est retrouvée en 1934 par Jessen (VII) qui fera une étude détaillée du cas où μ est la mesure de Lebesgue sur $[0, 1]$. La deuxième méthode est la recherche d'artifices analogues à celui de Steinhaus pour se ramener à la mesure de Lebesgue sur $[0, 1]$; cette façon de procéder avait l'avantage de la commodité tant qu'on ne disposait pas d'exposé complet de la théorie de la mesure générale, car elle permettait d'employer sans nouvelle démonstration les théorèmes de Lebesgue [2].

1. Pour une mise au point sur les séries de Fourier aléatoires, voir l'exposé de J.-P. Kahane au Séminaire Bourbaki (n° 200, 12° année, 1959/60, Benjamin, New-York).
2. Wiener prend aussi soin à de nombreuses reprises (cf. par exemple (XI), chap. IX) de montrer que la mesure du mouvement brownien est isomorphe à la mesure de Lebesgue sur $[0, 1]$. La possibilité de tels artifices trouve son explication dans un théorème général de von Neumann qui donne une caractérisation axiomatique des mesures isomorphes à la mesure de Lebesgue sur $[0, 1]$.

La théorie du mouvement brownien

Cette théorie occupe une place exceptionnelle dans le développement scientifique contemporain par l'échange constant et fécond dont elle témoigne entre les problèmes physiques et les mathématiques « pures ». L'étude du mouvement brownien, découvert en 1829 par le botaniste Brown, a été menée intensivement au 19e siècle par de nombreux physiciens [(3)], mais le premier modèle mathématique satisfaisant a été inventé par Einstein en 1905 seulement. Dans le cas simple d'une particule se déplaçant le long d'une droite, les hypothèses fondamentales d'Einstein se formulent ainsi: si $x(t)$ est l'abscisse de la particule à l'instant t, et si $t_0 < t_1 < \cdots < t_{n-1} < t_n$, les déplacements successifs $x(t_i) - x(t_{i-1})$ (pour $1 \leqslant i \leqslant n$) sont des variables aléatoires gaussiennes indépendantes. Ce n'est pas le lieu d'évoquer ici en détail les importants travaux expérimentaux de J. Perrin que motiva la théorie d'Einstein; pour notre propos, il convient de retenir seulement une remarque de Perrin, selon laquelle l'observation des trajectoires du mouvement brownien lui suggère irrésistiblement « les fonctions sans dérivée de mathématiciens ». Cette remarque sera l'étincelle initiale pour Wiener.

Un tout autre courant d'idées tire son origine de la théorie cinétique des gaz, développée entre 1870 et 1900 par Boltzmann et Gibbs. Considérons un gaz formé de N molécules de masse m à la température (absolue) T et notons $\mathbf{v}_1, \ldots, \mathbf{v}_N$ les vitesses des N molécules du gaz; l'énergie cinétique du système est égale à

$$\frac{m}{2}(\mathbf{v}_1^2 + \cdots + \mathbf{v}_N^2) = 3\mathrm{N}k\mathrm{T} \tag{1}$$

où k est la constante de Boltzmann. D'après les idées de Gibbs, la multitude des chocs entre molécules ne permet pas de déterminer avec précision les vitesses des molécules, et il convient d'introduire une loi de probabilité P sur la sphère S de l'espace de dimension 3N définie par l'équation (1). L'hypothèse « microcanonique » consiste à supposer que P est la mesure de masse 1 invariante par rotation sur la sphère S. Par ailleurs, la loi des vitesses de Maxwell énonce que la loi de probabilité d'une composante de la vitesse d'une molécule est une mesure gaussienne de variance $2k\mathrm{T}/m$ (§ 6, n° 5, *Remarque* 3). Borel semble avoir été le premier à remarquer en 1914 que la loi de Maxwell est conséquence des hypothèses de Gibbs et de propriétés de la sphère lorsque le nombre des molécules est très grand. Il considère une sphère S dans un espace euclidien de grande dimension et la mesure P de masse 1 invariante par rotation sur S; utilisant les méthodes classiques d'approximation fondées sur la formule de Stirling, il montre que la projection de P sur un axe de coordonnées est approximativement gaus-

3. On trouvera un exposé très vivant de cette histoire dans l'ouvrage récent de E. NELSON, Dynamical theories of brownian motion, *Mathematical Notes*, Princeton, 1967.

sienne. Ces résultats sont précisés un peu plus tard par Gâteaux et Lévy (IX, a)). Etant donnés un entier $m \geqslant 1$ et un nombre $r > 0$, notons $S_{m,r}$ l'ensemble des suites de la forme $(x_1, \ldots, x_m, 0, 0, \ldots)$ avec $x_1^2 + \cdots + x_m^2 = r^2$; notons aussi $\sigma_{m,r}$ la mesure de masse 1 invariante par rotation sur $S_{m,r}$. Enoncé en langage moderne, le résultat de Gâteaux et Lévy est le suivant: la suite des mesures $\sigma_{m,1}$ tend étroitement vers la masse unité à l'origine $(0, 0, \ldots)$ et la suite des mesures $\sigma_{m,\sqrt{m}}$ tend étroitement vers une mesure Γ de la forme

$$d\Gamma(x_1, x_2, \ldots) = \prod_{n=1}^{\infty} d\gamma(x_n)$$

(γ est la mesure gaussienne de variance 1 sur $\mathbf{R}$).

La mesure Γ précédente joue le rôle d'une mesure gaussienne en dimension infinie. Il semble bien que Lévy ait confusément espéré définir de manière intrinsèque une mesure gaussienne sur tout espace de Hilbert de dimension infinie. De fait, comme l'ont montré Lévy et Wiener, la mesure Γ est invariante en un certain sens [4] par les automorphismes de l^2; malheureusement, l'ensemble l^2 des suites $(x_1, x_2, \ldots, x_n, \ldots)$ de carré sommable est de mesure nulle pour Γ. On sait aujourd'hui qu'il faut se contenter d'une ***promesure*** gaussienne sur un espace de Hilbert de dimension infinie [5].

On doit à Wiener le progrès essentiel: si l'on n'a pas de mesure de Gauss raisonnable sur un espace de Hilbert de dimension infinie, on peut construire par l'opération de primitive une mesure w sur un espace de fonctions continues à partir d'une promesure gaussienne (cf. § 6, n° 7, th. 1 pour les détails). Nous allons expliquer succinctement la construction initiale de w par Wiener (X); elle est directement influencée par la relation $\Gamma = \lim_{m \to \infty} \sigma_{m,\sqrt{m}}$ de Gâteaux et Lévy. Pour tout entier $m \geqslant 1$, notons H_m l'ensemble des fonctions sur $T =]0, 1]$ qui sont constantes dans chacun des intervalles $\left]\frac{k-1}{m}, \frac{k}{m}\right]$ (pour $k = 1, 2, \ldots, m$), et π_m la mesure de masse 1 invariante par rotation sur la sphère euclidienne de rayon 1 dans $\mathbf{R}^m$. Soit f_m l'isomorphisme de H_m sur $\mathbf{R}^m$ qui associe à toute fonction prenant la valeur a_k sur l'intervalle $\left]\frac{k-1}{m}, \frac{k}{m}\right]$ le vecteur $(a_1, a_2 - a_1, \ldots, a_m - a_{m-1})$ (d'où le nom de « differential space » affectionné par Wiener); notons w_m la mesure sur H_m image de π_m par f_m^{-1}. Wiener définit la mesure

4. De manière précise, on a le résultat suivant. Soient U un automorphisme de l'espace de Hilbert l^2 et (u_{mn}) la matrice de U. Soient E l'espace vectoriel de toutes les suites réelles $(x_n)_{n \geqslant 1}$ et F le sous-espace de E formé des suites $(x_n)_{n \geqslant 1}$ pour lesquelles les séries $\sum_{n \geqslant 1} u_{mn} x_n$ convergent pour tout $m \geqslant 1$. La formule $(\tilde{U}x)_m = \sum_{n \geqslant 1} u_{mn} x_n$ définit une application linéaire $\tilde{U}$ de F dans E, la mesure Γ est concentrée sur F et l'on a $\tilde{U}(\Gamma) = \Gamma$.

5. Cette notion a été introduite sous le nom de « weak canonical distribution » par I. Segal (*Trans. Amer. Math. Soc.*, t. 88 (1958), p. 12–42). On doit à cet auteur une étude détaillée des promesures gaussiennes, et leur application à certains problèmes de théorie quantique des champs.

cherchée w comme la limite des mesures w_m. De manière précise, notons H l'ensemble des fonctions réglées sur T, avec la topologie de la convergence uniforme (on a $\mathrm{H}_m \subset \mathrm{H}$ pour tout entier $m \geqslant 1$); pour toute fonction uniformément continue et bornée F sur H, la limite $\mathrm{A}\{\mathrm{F}\} = \lim_{m \to \infty} \int_{\mathrm{H}_m} \mathrm{F}(x)\, dw_m(x)$ existe; Wiener obtient ensuite certaines majorations par une analyse subtile des fluctuations du jeu de pile ou face, et reprenant les arguments de compacité mis en évidence par Daniell, il montre que l'on est dans les conditions d'application du théorème de prolongement de Daniell. On conclut à l'existence d'une mesure w portée par $\mathscr{C}(\mathrm{T})$ et telle que $\mathrm{A}\{\mathrm{F}\} = \int_{\mathscr{C}(\mathrm{T})} \mathrm{F}(x)\, dw(x)$. Wiener peut alors montrer que la mesure w correspond aux hypothèses d'Einstein [6], et ses estimations lui permettent de donner un sens précis à la remarque de Perrin sur les fonctions sans dérivées: l'ensemble des fonctions satisfaisant à une condition de Lipschitz d'ordre $\frac{1}{2}$ est négligeable pour w (par contre, pour tout a avec $0 < a < \frac{1}{2}$, presque toute fonction satisfait à une condition de Lipschitz d'ordre a).

On connaît aujourd'hui de nombreuses constructions de la mesure de Wiener. Ainsi, Paley et Wiener utilisent les séries de Fourier aléatoires (XI, chap. IX): pour toute suite réelle $\mathbf{a} = (a_n)_{n \geqslant 1}$ et tout entier $m \geqslant 0$, définissons la fonction $f_{m,\mathbf{a}}$ sur $]0, 1]$ par

$$f_{m,\mathbf{a}}(t) = a_1 t + 2 \sum_{k=2}^{2^{m+1}} \frac{1}{\pi k} a_{k-1} \sin \pi k t;$$

on peut montrer que, pour Γ-presque toute suite $\mathbf{a}$, la suite des fonctions $f_{m,\mathbf{a}}$ tend vers une fonction continue $f_{\mathbf{a}}$ et que w est l'image de Γ par l'application (définie presque partout) $\mathbf{a} \mapsto f_{\mathbf{a}}$. Plus tard, Lévy a donné dans (IX, b), c)) une construction très voisine de celle que nous avons exposée au § 6, n° 7. Enfin, Kac, Donsker et Erdös montrent vers 1950 comment remplacer dans la construction initiale de Wiener les mesures sphériques π_m sur $\mathbf{R}^m$ par des mesures plus générales. Leurs résultats établissent un lien solide entre la mesure de Wiener et les théorèmes limites du Calcul des Probabilités; ils seront complétés et systématisés par Prokhorov (XIII) dans un travail sur lequel nous reviendrons plus loin.

Ce n'est pas le lieu d'analyser les nombreux et importants travaux probabilistes occasionnés par la découverte de Wiener; aujourd'hui, le mouvement brownien

6. Ceci se traduit par la formule

$$\int_{\mathscr{C}(\mathrm{T})} f(x(t_1), \ldots, x(t_n))\, dw(x) = (2\pi)^{-n/2} \prod_{i=1}^{n} (t_i - t_{i-1})^{-1/2} \int \ldots \int f(x_1, \ldots, x_n) \exp\left(-\frac{1}{2} \sum_{i=1}^{n} \frac{(x_i - x_{i-1})^2}{t_i - t_{i-1}}\right) dx_1 \ldots dx_n$$

où f est une fonction continue bornée arbitraire sur $\mathbf{R}^n$ et où l'on a $0 = t_0 < t_1 < \cdots < t_n \leqslant 1$ (on fait la convention $x_0 = 0$). Wiener, formé à la rigueur analytique par Hardy, et défiant à juste titre à l'égard des fondements du Calcul des Probabilités à cette époque, prend soin de n'utiliser ni la terminologie ni les résultats probabilistes. Il en résulte que ses mémoires sont pleins de formidables formules dont la précédente est un échantillon; cette particularité est un des facteurs qui ont retardé la diffusion des idées de Wiener.

n'apparaît plus que comme un des exemples les plus importants de processus markovien. Nous mentionnerons seulement l'application faite par Kac de la mesure de Wiener à la résolution de certaines équations aux dérivées partielles paraboliques; il s'agit là d'une adaptation des idées de Feynman en théorie quantique des champs — un exemple de plus de cette influence réciproque des mathématiques et des problèmes de physique.

Limites projectives de mesures

Il s'agit d'une théorie qui s'est développée surtout en fonction des besoins du Calcul des Probabilités. Les problèmes concernant une suite finie de variables aléatoires $X_1, \ldots, X_n$ sont résolus en principe lorsqu'on connaît la loi P_X de cette suite : c'est une mesure positive de masse 1 sur $\mathbf{R}^n$, telle que la probabilité d'obtenir simultanément les inégalités $a_1 \leqslant X_1 \leqslant b_1, \ldots, a_n \leqslant X_n \leqslant b_n$ soit égale à $P_X(C)$ où C est le pavé fermé $[a_1, b_1] \times \cdots \times [a_n, b_n]$ de $\mathbf{R}^n$. En pratique, la mesure P_X a un support discret ou bien admet une densité par rapport à la mesure de Lebesgue. Lorsqu'on a affaire à une suite infinie $(X_n)_{n \geqslant 1}$ de variables aléatoires, on connaît en général la loi P_n de la suite partielle $(X_1, \ldots, X_n)$ pour tout entier $n \geqslant 1$; ces données satisfont à une condition de compatibilité qui exprime que la suite $(P_n)_{n \geqslant 1}$ est un système projectif de mesures. Jusque vers 1920, on définissait de manière plus ou moins implicite les probabilités d'événements liés à la suite infinie par des passages à la limite « naturels » à partir de probabilités du cas fini; on admettra ainsi que la probabilité qu'un jeu se termine est la limite, pour n tendant vers l'infini, de la probabilité qu'il se termine en au plus n parties. Naturellement, une telle théorie est assez peu cohérente, et rien n'exclut la présence de « paradoxes », une même probabilité recevant deux estimations distinctes selon qu'on l'évalue par l'un ou l'autre de deux procédés aussi « naturels » l'un que l'autre.

Steinhaus (V) semble avoir été le premier à ressentir la nécessité de considérer (pour le jeu de pile ou face) non seulement le système projectif $(P_n)_{n \geqslant 1}$ mais sa limite. Un peu auparavant, en 1919, Daniell (VI, *b*)) avait démontré en général l'existence de telles limites projectives [7], mais ce résultat semble être resté inconnu en Europe. Il est retrouvé en 1933 par Kolmogoroff dans l'ouvrage (XII) où cet auteur formule la conception axiomatique du Calcul des Probabilités. Les démonstrations de Daniell et Kolmogoroff utilisent un argument de compacité, qui est à peu de choses près celui que nous avons employé au th. 2 du § 4, n° 3 et repose sur le th. de Dini.

7. Daniell traite le cas des mesures sur un produit $\prod_{n \geqslant 1} I_n$ d'intervalles compacts de $\mathbf{R}$, mais sa méthode s'étend immédiatement au cas d'un produit quelconque d'espaces compacts; c'est au fond celle que nous avons utilisée au chap. III, § 4, n° 5.

Le théorème de Daniell–Kolmogoroff ne laissait rien à désirer pour le cas des suites aléatoires $(X_n)_{n \geq 1}$, mais l'étude des fonctions aléatoires entreprise à partir de 1935 par Kolmogoroff, Feller et Doob recèle des difficultés d'une tout autre ampleur. Considérons par exemple un intervalle T de $\mathbf{R}$, qui représente l'ensemble des instants d'observation d'un « processus stochastique »; l'ensemble des trajectoires possibles est l'espace produit $\mathbf{R}^T$, considéré comme limite projective des produits partiels $\mathbf{R}^H$, où H parcourt l'ensemble des parties finies de T; on se donne en général un système projectif de mesures (μ_H) (cf. § 4, n° 3). Le théorème de Kolmogoroff fournit bien une mesure sur $\mathbf{R}^T$, mais elle est définie sur une tribu notablement plus petite que la tribu borélienne [8]. Une variante de la construction de Kolmogoroff, qui fournit une mesure sur un espace topologique, est due à Kakutani (*Proc. Imp. Acad. Tokyo, XIX* (1943), p. 184–188), et a été redécouverte plusieurs fois depuis : on considère μ_H comme une mesure sur $\overline{\mathbf{R}}^H$ portée par $\mathbf{R}^H$ [9]; l'espace compact $E = \overline{\mathbf{R}}^T$ est limite projective des produits finis $\overline{\mathbf{R}}^H$ et l'on peut définir une mesure μ sur E limite projective des μ_H (cf. chap. III, § 4, n° 5). Mais ce procédé possède un grave inconvénient; les éléments de $\overline{\mathbf{R}}^T$ ne possèdent aucune propriété de régularité permettant de pousser plus loin l'étude probabiliste du processus — ou même simplement d'éliminer les valeurs parasites $\pm\infty$ introduites par la compactification $\overline{\mathbf{R}}$ de $\mathbf{R}$. On peut y remédier en induisant la mesure μ de $\overline{\mathbf{R}}^T$ sur tel ou tel sous-espace (par exemple $\mathscr{C}(T)$ dans le cas du mouvement brownien); la difficulté fondamentale provient de ce qu'un espace fonctionnel, même d'un type usuel, n'est pas nécessairement μ-mesurable dans $\overline{\mathbf{R}}^T$, et le choix même de l'espace fonctionnel peut faire question [10].

Un pas décisif a été accompli en 1956 par Prokhorov dans un travail (XIII) qui a exercé une influence déterminante sur la théorie des processus stochastiques. En mettant sous forme axiomatique convenable les méthodes utilisées par Wiener dans l'article analysé plus haut, il établit un théorème général d'existence de limites projectives de mesures sur les espaces fonctionnels qui est le cas particulier du th. 1 du § 4, n° 2 correspondant aux espaces polonais.

Une classe plus restreinte de systèmes projectifs a été introduite par Bochner (XIV) en 1947; il s'agit des systèmes projectifs formés d'espaces vectoriels réels de dimension finie et d'applications linéaires surjectives. La limite projective d'un tel système s'identifie de manière naturelle au dual algébrique E^* d'un espace vectoriel réel E muni de la topologie faible $\sigma(E^*, E)$; un système projectif

8. La mesure de Kolmogoroff n'est définie que pour les ensembles boréliens dans $\mathbf{R}^T$ de la forme $A \times \mathbf{R}^{T-D}$ où D est une partie dénombrable de T, et A une partie borélienne de $\mathbf{R}^D$; de ce fait, le théorème de Kolmogoroff pour un produit quelconque $\mathbf{R}^T$ est une conséquence immédiate du cas des produits dénombrables.

9. On pourrait remplacer $\overline{\mathbf{R}}$ par n'importe quel espace compact contenant $\mathbf{R}$ comme sous-espace dense.

10. Pour une discussion détaillée du problème de la construction des mesures sur les espaces fonctionnels, et les méthodes utilisées avant Prokhorov, voir J. L. Doob, *Bull. Amer. Math. Soc.*, **53** (1947), p. 15–30.

correspondant de mesures a une limite qui est une mesure μ définie sur une tribu notablement plus petite que la tribu borélienne de E*. Bochner caractérisa complètement de telles « promesures » par leur transformée de Fourier, qui est une fonction sur E. Mais ce résultat n'est guère utilisable en l'absence d'une topologie sur E, auquel cas il faut examiner la possibilité de considérer μ comme une mesure sur le dual topologique E' de E. De manière indépendante, R. Fortet et E. Mourier, en cherchant à généraliser aux variables aléatoires à valeurs dans un espace de Banach certains résultats classiques du Calcul des Probabilités (loi des grands nombres, théorème central limite) mirent aussi en évidence le rôle fondamental joué par la transformation de Fourier dans ces questions. Mais un progrès substantiel ne fut réalisé qu'en 1956 lorsque Gelfand (XV, *b*)) suggéra que le cadre naturel pour la transformation de Fourier n'est pas celui des espaces de Banach ou de Hilbert, mais celui des espaces de Fréchet nucléaires. Il conjectura que toute fonction continue de type positif sur un tel espace est la transformée de Fourier d'une mesure sur son dual, résultat établi tôt après par Minlos (XVI). Son importance provient surtout de ce qu'il s'applique aux espaces de distributions, et que la quasi-totalité des espaces fonctionnels sont des parties boréliennes de l'espace des distributions (qui constitue donc un bien meilleur réceptacle que $\mathbf{R}^T$) [11]. La théorie des distributions aléatoires est un domaine en pleine expansion, et nous nous contenterons de renvoyer le lecteur à l'ouvrage de Gelfand et Vilenkin (XVII).

Les résultats que nous venons de mentionner sur les limites projectives utilisent l'existence de topologies sur les espaces de base. On peut se demander s'il existe une théorie analogue dans le cas des mesures « abstraites ». Von Neumann a démontré dès 1935 l'existence de mesures produits dans tous les cas, mais la découverte d'un contre-exemple par Jessen et Andersen (XVIII) a ruiné l'espoir que tout système projectif de mesures admette une limite. On a découvert deux palliatifs: en 1949, C. Ionescu-Tulcea a établi l'existence de limites projectives dénombrables, moyennant l'existence de désintégrations convenables [12], résultat fort intéressant pour l'étude des processus markoviens; par ailleurs, on s'est rendu compte que la topologie des espaces n'intervenait que par l'intermédiaire de l'ensemble des parties compactes. Il était donc naturel de chercher à axiomatiser cette situation à l'intérieur de la théorie abstraite, au moyen de la notion de classe compacte de parties d'un ensemble. Ce travail fut fait en 1953 par Marczewski (qui établit par ce moyen un théorème de limites projectives abstrait) et Ryll-Nardzewski (qui traita de la désintégration des mesures) [13].

11. On pourra consulter la mise au point de X. Fernique, *Ann. Inst. Fourier*, t. XVII (1967), p. 1–92, qui contient aussi de nombreux résultats sur la convergence étroite.

12. Il semble que ce soit l'absence d'une théorie satisfaisante des désintégrations qui marque la limite de la théorie des mesures « abstraites ». Cette difficulté réapparaît de manière insistante dans le Calcul des Probabilités à propos des probabilités conditionnelles.

13. Pour un exposé de cette théorie, on pourra se reporter à J. Pfanzagl et W. Pierlo, *Lecture Notes in Mathematics* (Springer Verlag), vol. 16 (1966).

Mesures sur les espaces topologiques généraux et convergence étroite

L'étude des liens entre la topologie et la théorie de la mesure a été surtout conçue comme l'étude des propriétés de régularité des mesures, et en particulier celle de la régularité « extérieure » et de la régularité « intérieure » (14); la régularité intérieure est équivalente à la régularité extérieure sur un espace localement compact dénombrable à l'infini. La construction que Lebesgue donne de la mesure des ensembles sur la droite met en évidence ces deux espèces de régularité, et la propriété de régularité extérieure des mesures sur un espace polonais semble avoir été de notoriété publique vers 1935. Mais ce n'est qu'en 1940, dans un article dont la guerre retarda la diffusion, qu'A. D. Alexandroff (XIX) met en évidence le rôle de la régularité intérieure et montre que celle-ci est possédée par les mesures sur un espace polonais; ce résultat est retrouvé plus tard par Prokhorov (XIII) et est souvent attribué à tort à cet auteur. On ne s'est aperçu que fort récemment que cette propriété s'étendait aux espaces sousliniens; de ce fait, l'importance de ces espaces s'est beaucoup accrue, d'autant plus qu'on s'est rendu compte que leur théorie pouvait se faire sans hypothèse de métrisabilité, et que la quasi-totalité des espaces fonctionnels étaient sousliniens (et même le plus souvent lusiniens) (15). Ce sont ces raisons qui nous ont poussé à mettre l'accent sur les mesures intérieurement régulières dans ce chapitre.

La définition d'un mode de convergence (vague ou étroite) pour les mesures se fait de la manière la plus commode en mettant en dualité l'espace des mesures avec un espace de fonctions continues. Généralisant un résultat ancien de F. Riesz, A. A. Markoff a établi en 1938 une correspondance biunivoque entre les fonctionnelles positives sur $\mathscr{C}(X)$ et les mesures régulières sur un espace compact X. Dans le travail (XIX) déjà cité, A. D. Alexandroff étend ces résultats au cas d'un espace complètement régulier: il introduit une hiérarchie dans l'ensemble des formes linéaires positives sur l'espace $\mathscr{C}^b(X)$ des fonctions continues bornées sur un espace complètement régulier X (16), il définit la convergence

14. Une mesure « abstraite » μ sur la tribu borélienne d'un espace topologique séparé est dite extérieurement régulière si la mesure de tout ensemble borélien est la borne inférieure des mesures des ensembles ouverts qui le contiennent; la mesure μ est dite intérieurement régulière si la mesure de tout ensemble borélien est la borne supérieure des mesures de ses parties compactes.

15. Pour tenter de résoudre certaines difficultés probabilistes (particulièrement les liens entre diverses notions d'indépendance ou de dépendance stochastique), plusieurs auteurs introduisent des classes restreintes de mesures « abstraites »: espaces « parfaits » de Kolmogoroff–Gnedenko, espaces « lusiniens » de Blackwell, espaces « de Lebesgue » de Rokhlin. En fait (tout au moins moyennant une hypothèse de dénombrabilité assez faible), toutes ces définitions donnent des caractérisations des mesures « abstraites » isomorphes à une mesure positive bornée sur un espace souslinien. On pourra consulter à ce sujet l'ouvrage cité dans la note (13).

16. Il distingue par ordre de généralité décroissante les σ-mesures (mesures « abstraites » sur la tribu borélienne de X), les τ-mesures (mesures extérieurement régulières) et les mesures tendues (mesures intérieurement régulières). Lorsque X est polonais, ces trois notions coïncident. La terminologie elle-même est due à Mac Shane et Le Cam (XX). On trouvera une mise au point des travaux suscités par cette classification dans V. S. VARADARAJAN (*Amer. Math. Soc. Translations* (2), vol. 48, p. 161–228).

étroite des mesures bornées et démontre entre autres les deux théorèmes suivants:

a) si X est polonais, l'ensemble des formes linéaires sur $\mathscr{C}^b(\mathrm{X})$ correspondant aux mesures est fermé pour la convergence faible des suites;
b) si une suite de mesures bornées a une limite étroite, « il n'y a pas de masse fuyant à l'infini » (c'est une forme faible de la réciproque du théorème de convergence étroite de Prokhorov).

De cette foison de notions et de théorèmes, Prokhorov saura extraire les résultats importants pour la théorie des processus stochastiques, et les présenter sous une forme simple et frappante. Dans son grand travail de 1956 déjà cité (XIII), une partie importante est consacrée aux mesures positives bornées sur un espace polonais; en généralisant une construction de Lévy, il définit sur l'ensemble des mesures positives de masse 1 une distance qui en fait un espace polonais, puis il établit un critère important de compacité pour la convergence étroite (cf. § 5, n° 5, th. 1). Indépendamment de Prokhorov, Le Cam (XX) a obtenu un certain nombre de résultats de compacité pour la convergence étroite des mesures; il ne fait aucune hypothèse de métrisabilité sur les espaces qu'il considère, et ses résultats se réduisent à des théorèmes antérieurs de Dieudonné dans le cas localement compact.

BIBLIOGRAPHIE

I. Ch. de la Vallée Poussin, *Intégrales de Lebesgue, Fonctions d'ensembles, Classes de Baire*, Paris (Gauthier-Villars), 1e édit. 1916, 2e édit. 1936.

II. M. Fréchet, *a*) Sur l'intégrale d'une fonctionnelle étendue à un ensemble abstrait, *Bull. Soc. Math. de France*, t. XLIII (1915), p. 248–265.

b) Les familles et fonctions additives d'ensembles abstraits, *Fund. Math.*, t. IV (1923), p. 329–265, et t. V (1924), p. 206–251.

III. S. Saks, *Theory of the Integral*, 2e édit., New York (Stechert), 1937.

IV. E. Borel, Les probabilités dénombrables et leurs applications arithmétiques, *Rend. Circ. Math. Palermo*, t. XXVII (1909), p. 247–271.

V. H. Steinhaus, Les probabilités dénombrables et leur rapport à la théorie de la mesure, *Fund. Math.*, t. IV (1923), p. 286–310.

VI. P. J. Daniell: *a*) Integrals in an infinite number of dimensions, *Ann. of Math.*, t. XX (1918–19), p. 281–288.

b) Functions of limited variation in an infinite number of dimensions, *Ann. of Maths.*, t. XXI (1919–20), p. 30–38.

VII. B. Jessen, The theory of integration in a space of an infinite number of dimensions, *Acta Math.*, t. LXIII (1934), p. 249–323.

VIII. A. Einstein, *Investigations on the Theory of the Brownian Movement*, New York (Dover), 1956.

IX. P. Lévy: *a*) *Leçons d'Analyse Fonctionnelle*, Paris (Gauthier-Villars), 1922 (la deuxième édition est parue en 1951 chez le même éditeur sous le titre: *Problèmes concrets d'Analyse Fonctionnelle*).

b) *Processus stochastiques et mouvement brownien*, Paris (Gauthier-Villars), 1948.

c) Le mouvement brownien, *Mémorial des Sciences Mathématiques*, t. CXXVI (1954).

X. N. Wiener, Differential space, *J. Math. Phys. MIT*, t. II (1923), p. 131–174 (= *Selecta*, p. 55–98, Cambridge (MIT Press), 1964).

XI. R. E. A. C. Paley et N. Wiener, *Fourier transforms in the complex domain*, Amer. Math. Soc. Coll. Publ. n° 19, New York, 1934.

XII. A. N. Kolmogoroff, *Grundbegriffe der Wahrscheinlichkeitsrechnung*, Berlin (Springer) 1933.

XIII. Ju. V. Prokhorov, Convergence of random processes and limit theorems in probability theory, *Theor. Prob. Appl.*, t. I (1956), p. 156–214.

XIV. S. Bochner, *Harmonic Analysis and the Theory of Probability*, Berkeley (University of California Press), 1960.

XV. I. M. Gelfand: *a*) Processus stochastiques généralisés (en russe), *Dokl. Akad. Nauk, SSSR*, t. C (1955), p. 853–856.

b) Some problems of functional analysis (en russe), *Uspekhi Mat. Nauk*, t. XI (1956), p. 3–12. (= *AMS translations* (2), vol. XVI (1960), p. 315–324).

XVI. R. A. Minlos, Generalized random processes and their extension to a measure (en russe), *Trudy Mosk. Mat. Obschtsch.*, t. VIII (1959), p. 497–518 (= *Selected translations in math. statistics and probability*, III (19) p. 291–313).

XVII. I. M. Gelfand et N. Ya. Vilenkin, *Generalized Functions*, vol. IV, New York (Academic Press), 1964 (Traduction anglaise).

XVIII. E. Sparre-Anderssen et B. Jessen, On the introduction of measures in infinite product sets, *Dansk. Vid. Selbskab. Mat. Fys. Medd.*, t. XXV (1948), n° 4, p. 1–7.

XIX. A. D. Alexandroff, Additive set functions in abstract spaces, *Mat. Sbornik*, I (chap. 1), t. VIII (1940), p. 307–348; II (chap. 2 et 3), t. IX (1941), p. 563–628; III (chap. 4 à 6), t. XIII (1943), p. 169–238.

XX. L. Le Cam, Convergence in distribution of stochastic processes, *Univ. Cal. Publ. Statistics, n° 11* (1957), p. 207–236.

INDEX DES NOTATIONS

Les chiffres de référence indiquent successivement le paragraphe et le numéro.

INDEX TERMINOLOGIQUE

Les chiffres de référence indiquent successivement le paragraphe et le numéro.

TABLE DES MATIÈRES

IMPRIMÉ EN ANGLETERRE PAR WILLIAM CLOWES & SONS LTD, LONDRES ET BECCLES
DÉPÔT LÉGAL 4ÈME TRIMESTRE 1969

CPSIA information can be obtained
at www.ICGtesting.com
Printed in the USA
LVOW09*1022280518
578634LV00009B/40/P

9 783540 343905